Visual Studio Code 実践入門！

ソフトウェア開発の強力手段

飛松 清 [著]

リックテレコム

●ダウンロードのご案内

　本書に掲載している主なサンプルコードを、リックテレコムの Web サイトに zip 形式で圧縮した形でアップしています。本書をお買い上げの方は、ここからダウンロードしてご利用頂けます。

https://www.ric.co.jp/book/index.html

　上記 Web サイトの左欄「総合案内」から「データダウンロード」→「コンピュータ、通信」の順に進み、「Visual Studio Code 実践入門！」の所から該当する zip ファイルをダウンロードしてください。その際には、以下の書籍 ID とパスワード、お客様のお名前等を入力して頂く必要がありますので、予めご了承ください。

書籍 ID 　：　ric13341
パスワード：　stu13341

●本書刊行後の補足情報

　本書の刊行後、記載内容の補足や更新が必要となった場合、下記に読者フォローアップ資料を掲示する場合があります。必要に応じて参照してください。

https://ric.co.jp/pdfs/contents/pdfs/13341_support.pdf

はじめに

　IT 技術が日々進化し、成長を続ける中、各種ソフトウェアは高度な機能と効率的な開発が求められています。ソフトウェア開発者がこのような状況に対応できるように、より良い開発ツールが作成されてきました。実際、ここ 10 年ほどでもバージョン管理システムの Git やコンテナ化を行う Docker などが普及しています。その中で新たなツールとして「Visual Studio Code」（以下、VSCode）が登場しました。

　VSCode は、2015 年にマイクロソフトが公開したエディターです。大企業が開発したソフトウェアは一般的に巨大になる傾向にありますが、VSCode は、主要な機能以外を拡張機能に分解してシンプルな構成を保つことに成功しています。

　動作の快適さと拡張機能の豊富さによって、VSCode は瞬く間にソフトウェア開発者に受け入れられました。また、Web 技術との相性の良さから、HTML や Markdown などのドキュメントを作成する際にも使用されるようになりました。

　本書は、この VSCode を習得してソフトウェア開発の生産性向上に役立てて頂くことを目指しています。具体的には、次のような読者を想定しています。

- 新たなプログラムの開発環境、開発方法を知りたい方
- ショートカットキーや正規表現による検索などを使いこなしたい方
- Markdown や HTML などの開発ドキュメントを効率的に作成したい方
- チーム開発で共通した開発環境やリモート開発環境を構築したい方

　本書では、VSCode の機能やショートカットなどを単に説明するだけでなく、具体的な操作例や図を豊富に掲載しています。操作例や図を確認することで、実際の作業をイメージできるように心がけました。また、さまざまな開発ケースに関する内容を盛り込んでいます。たとえば、ブラウザとの連携や Jupyter によるグラフ表示などです。単体テストの作成やリファクタリング機能なども紹介しています。

　本書と VSCode によって読者の開発手段が増えること、そして新たな開発手段を見出す一助になることを望んでいます。

2022 年 2 月

著者　飛松 清

目次

第1章　**Visual Studio Code（VSCode）について**　　　**9**

第 **2** 章 **VSCode を体験しよう** 41

第 **3** 章 **基本的なエディター機能** 57

第6章　Python によるプログラミング　187

第 1 章

Visual Studio Code (VSCode)について

Visual Studio Code(VSCode)はさまざまな Web 技術を用いていますが、OS にインストールする形式のソフトウェア・アプリケーションです。まずは VSCode のインストール、基本的な設定方法、および画面構成について紹介します。

1.1 Visual Studio Code (VSCode) とは

Visual Studio Code（以降、本書では「VSCode」と表記します）は、Microsoft が開発しているエディターであり、ソフトウェアの開発環境です。コード補完やスニペットによる自動入力、デバッガやリファクタリングツールのサポート、Git によるバージョン管理システムの統合など、さまざまな機能を備えています。

Microsoft が従来から開発している「Visual Studio」と名前が似ており、両方とも開発環境です。これらを比較すると、Visual Studio は IDE（統合開発環境）であり、あらかじめ多くの機能が搭載されていて、主に Windows をターゲットとしています。これに対して VSCode はコードを記述するエディターが主軸で、必要な機能は後から拡張機能として追加する形式です。また、マルチプラットフォーム（Windows、macOS、Linux）で動作します。

VSCode の開発は、オープンソースの MIT ライセンスでソースコードを公開して進められています。このソースコードをもとに Microsoft 固有のカスタマイズを入れてビルドしたものが、実行ファイルやインストーラとしてダウンロードできる VSCode ソフトウェアです。VSCode ソフトウェアは無料で使用できますが、専用のライセンスを持ちます。ライセンスの詳細については、「https://code.visualstudio.com/license」をご確認ください。

ソフトウェア開発者にとってエディターは、日々使用する大切なツールです。さらに、開発者以外の方も、このツールをドキュメント作成などで使用する機会が多くなっています。本書では、エディターとしての VSCode を使いこなせるように、まずはインストールや基本的な設定方法から順番に解説していきます。

1.2 VSCode のインストール

ここでは、VSCode を Windows、macOS、Linux にインストールする方法について説明します。VSCode のインストーラは、公式サイト（https://code.visualstudio.com/download）からダウンロードできます。なお、本書でインストールして使用する VSCode は、執筆時点におけるバージョン（v1.65）のものです。

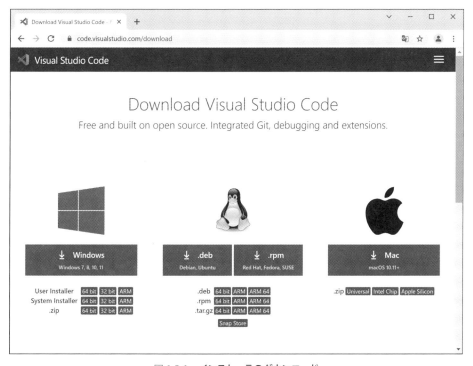

図 1-2-1 インストーラのダウンロード

1.2.1 Windows へのインストール

① インストーラのダウンロード

Windows のインストーラは、表 1-2-1 のように 3 種類のファイルに分かれています。本書では、これらのうち「User Installer」でのインストールについて紹介します。

表 1-2-1　**Windows のインストーラ**

インストーラの種類	説明
User Installer	実行ファイル形式（.exe）のインストーラ。インストールしたログインユーザーのみが使用可能
System Installer	実行ファイル形式（.exe）のインストーラ。インストールした PC 全体で使用可能。ただし、インストールするには管理者権限が必要
.zip	圧縮ファイル形式（.zip）であり、VSCode 実行ファイル（code.exe）などが格納されている。USB メモリーなどの外部ディスクに保存して使用可能

Windows のインストーラには 64bit 版と 32bit 版がありますが、基本的に Windows の bit 数に合わせたインストーラを使用します。bit 数がわからない場合は、Windows の「スタート」ボタンをクリックして「設定」→「システム」→「詳細情報」（Windows11 は「バージョン情報」）を選択し、「デバイスの仕様」の「システムの種類」を確認してください。図 1-2-2 のように、bit 数（64bit または 32bit）が記載されています。

なお、確認できなかった場合は 32bit 版をインストールしてください。32bit 版の VSCode ならば 64bit の Windows でも使用できます。

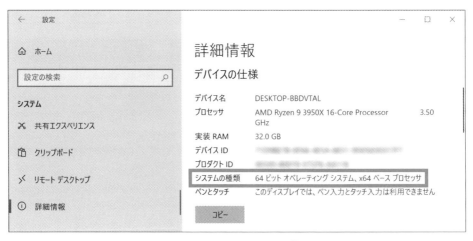

図 1-2-2　**Windows の bit 数**

② インストーラの実行

「User Installer」ファイルは実行ファイル形式（.exe）なので、ダブルクリックするとインストーラが起動します。起動した画面に従って進めていけばインストール完了です。インストール時に「PATH への追加」を有効にした場合は「code」コマンドでも起動できます。

1.2.2 | macOS へのインストール

① zip ファイルのダウンロード

macOS の場合は zip 形式のファイルをダウンロードします。具体的には、「Universal」、「Intel Chip」、「Apple Silicon」という 3 つの zip ファイルが用意されており、CPU の種類に対応したファイルをダウンロードします。

CPU の種類を確認するには、画面左上の「アップルメニュー（リンゴマーク）」→「この Mac について」をクリックします。すると、「プロセッサ」に CPU の種類が表示されます（図 1-2-3）。

なお、CPU の種類を確認できなかった場合は「Universal」をダウンロードしてください。「Universal」は、どの CPU でも使用できます。

図 1-2-3　**CPU の確認（macOS）**

② zip ファイルの解凍と「アプリケーション」フォルダーへの移動

ダウンロードした zip ファイルはダブルクリックで解凍できます。解凍すると実行ファイルの「Visual Studio Code」ファイルが作成されます。

次に、「Visual Studio Code」ファイルをドラッグ＆ドロップで「アプリケーション」フォルダーに移動すればインストール完了です（図1-2-4）。移動後、「アプリケーション」フォルダーの「Visual Studio Code」をダブルクリックすると起動できます。

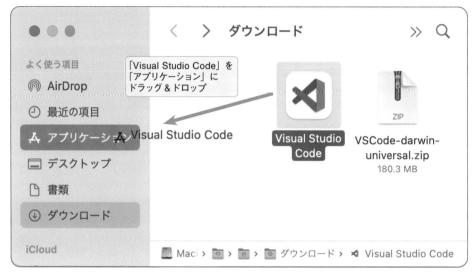

図 1-2-4　「アプリケーション」フォルダーへの移動

1.2.3 Linux へのインストール

① パッケージファイルのダウンロード

Linux 向けに、deb 形式と rpm 形式のパッケージファイルが用意されています。Debian や Ubuntu の場合は deb 形式を、また、RHEL（Red Hat Enterprise Linux）や Fedora の場合は rpm 形式を、それぞれダウンロードしてください。

② パッケージのインストール

ダウンロードしたパッケージファイルをコマンドでインストールします。実行するコマンドは次のとおりです。なお、インストールの権限として必要であれば、先頭に「sudo」を付けてください。

```
# deb 形式の場合
apt install「パッケージファイルのパス」

# rpm 形式の場合
yum install「パッケージファイルのパス」
```

　インストール後、bash などで「code」コマンドを実行すると起動できます。

1.3　日本語パック

　VSCode を起動するとチュートリアルが表示されます。この時点では英語表記なので、日本語パックを導入しましょう。各言語のローカライズは拡張機能になっていて、日本語パックの場合は拡張機能「Japanese Language Pack for Visual Studio Code」（拡張機能 ID: ms-ceintl.vscode-language-pack-ja）をインストールします。

　この拡張機能をインストールするには、図 1-3-1 のように画面左側の「拡張機能」サイドバーを開いて「Japanese Language Pack for Visual Studio Code」を検索します。検索で見つかったら「Install」ボタンをクリックし、インストールを開始します。

　インストール完了後、画面右下のダイアログから VSCode の再起動を促されるので、「Restart」ボタンをクリックして再起動します。再起動後は日本語パックが適用されてメニューやコマンドの説明が日本語に変わります。

　起動直後に表示されるチュートリアルも日本語になります。一通りの操作を確認したい場合は、このチュートリアルを進めてみてください。

図 1-3-1　**日本語パックのインストール**

1.4 コマンドパレット

　VSCode の各種機能は「コマンドパレット」から実行できます。コマンドパレットは、[F1] または [Shift + Ctrl + P]（ macOS [Shift + Cmd + P]）[1] で図 1-4-1 のように開きます。この開いたコマンドパレットにコマンドを入力して [Enter] を押すと、対応した機能が実行されます。

　コマンドパレットなどの入力項目は、一部の入力のみで選択項目を推測します。たとえば「> file open」のように入力すると、「ファイルを開く（File: Open file）」などが候補として表示されます。また、選択項目の右側にショートカットキーが表示されます。

　VSCode 内のほとんどの機能はコマンドパレットから実行できます。まずは「コマンドパレットを開く」のショートカットキーを覚えましょう。

図 1-4-1　コマンドパレット

※1　Windows と、Linux、macOS とではショートカットキーが異なる場合があります。その場合は、適宜、カッコ書きで示します。

1.5　code コマンド

コマンドプロンプトやターミナルなどから「code」コマンドを実行することでも VSCode を起動できます。本節では、「code」コマンドを使用可能にする設定について OS ごとに説明します。

図 1-5-1　**code コマンド**

■ Windows

Windows で code コマンドを使用するには、環境変数「PATH」に追加が必要です。そのため、VSCode のインストール時に、「PATH への追加」を有効にしてください。これにより、コマンドプロンプトから code コマンドを実行できます。

■ macOS

macOS の場合は、コマンドパレットから code コマンドをインストールします。コマンドパレットを［F1］で開いて、「Shell Command: Install 'code' command in PATH」を実行します。実行後、ターミナルを再起動すると code コマンドを実行できます。

■ Linux

Linux の場合は、標準で code コマンドを実行できます。もし実行できなければ環境変数「PATH」を確認してください。

■ code コマンドのオプション

code コマンドは、表 1-5-1 のようなオプションを使用して、開くファイルや動作を指定できます。この他にもさまざまなオプションが用意されており、「code --help」で確認できます。

表 1-5-1 **code コマンドのオプション**

コマンドとオプション	説明
code file	VSCode を起動して file を開く
code -n file	強制的に新しいウィンドウで file を開く
code -r file	強制的に既存ウィンドウで file を開く
code -a folder	最後にアクティブになっているウィンドウに folder を追加する
code -d file1 file2	file1 と file2 の差分（diff）を開く

1.6　ユーザーインターフェース

　VSCode は、起動した初期の状態では図 1-6-1 のような画面構成になっています。ユーザーインターフェースの名称は表 1-6-1 のとおりです。

図 1-6-1　**画面構成**

表 1-6-1　**ユーザーインターフェースの名称**

名称	説明
エディター	ファイルなどを表示・編集するエリア
エディターグループ	タブで複数のエディターをまとめたエリア
アクティビティバー	サイドバーのアイコンメニューを表示するエリア
サイドバー	「エクスプローラー」などを表示するエリア
パネル	「問題」や「出力」などを表示するエリア
ステータスバー	ファイルに関連する情報などを表示するエリア
階層リンク	エディターの上にフォルダー階層を表示するエリア（パンくずリスト）
ミニマップ	エディターを縮小して概要を表示するエリア
ウィジェット（widget）	エディター内に表示されるユーザーインターフェース（検索ボックスなど）
ワークベンチ（workbench）	VSCode のユーザーインターフェース全体を表す

1.6.1 | エディターとエディターグループ

　エディターはファイルなどを表示・編集するエリアです。エディターグループはタブでエディターをまとめています。タブの中にある各エリアがエディター、複数のタブを含んだエリアがエディターグループです。VSCode のウィンドウは、エディターグループを図 1-6-2 のように複数配置できます。

　タブの右横にあるアイコンのボタンは、現在対象としているファイルに対する操作です。たとえば Python ファイルならば実行ボタン、Markdown ならばプレビュー表示ボタンなどが表示されます。

図 1-6-2　**エディターとエディターグループ**

1.6.2 | アクティビティバー、サイドバー、パネル

　アクティビティバーは、画面の左側にあるアイコンメニューです。メニュー内の上側のアイコンはサイドバーに関連付いています。下側のアイコンは「アカウント」と「管理」のメニューを表示します。また、パネルはエディターの下側にある表示欄です。パネルの項目には「問題」や「出力」などがあります。

図 1-6-3　アクティビティバーとサイドバー

■ サイドバーの項目

　アクティビティバーのアイコンをクリックすると、サイドバーが開閉します。開閉は［Ctrl + B］（ macOS ［Cmd + B］）でも行えます。

　初期状態で用意されているサイドバーの項目は、表 1-6-2 のとおりです。なお、Docker など一部の拡張機能をインストールするとサイドバーに新規項目が追加されることがあります。

　サイドバーの各項目は「viewlet」とも呼ばれます。たとえば、ショートカットキー設定ではエクスプローラー表示中の状態を「explorerViewletVisible」といった名前で表します。

表 1-6-2　サイドバーの項目

名称	説明
エクスプローラー	開いているファイルやフォルダーなどを表示・操作する
検索	開いているフォルダー全体を検索する
ソース管理	Git などでソース管理を行う
実行とデバッグ	プログラムの実行とデバッグを行う
拡張機能	拡張機能のインストールや管理を行う

■「アカウント」と「管理」

　アクティビティバーの下側の人型アイコンをクリックすると「アカウント」メニューが開きます。「アカウント」メニューからは、GitHub や Microsoft のアカウントにサインイン・サインアウトができます。これらのアカウントにサインインすることで設定の同期や GitHub との連携などが行えます。

　もう一方の歯車アイコンをクリックすると「管理」メニューが開きます。「管理」メニューから、設定やテーマに関係する画面を表示できます。

■ パネルの項目

　パネルは、主にプログラム実行やコマンド実行に使用されます。パネルの開閉は［Ctrl + J］（ macOS ［Cmd + J］）です。初期状態で設定されているパネルの項目は表 1-6-3 のとおりです。

表 1-6-3　パネルの項目

名称	説明
問題	ソースコードのエラーや警告などを表示する
出力	プログラム実行時のログなどを表示する
ターミナル	コマンドライン環境（PowerShell、bash など）を表示する
デバッグコンソール	デバッグ実行時のデバッグコマンド環境を表示する

■ サイドバーとパネルの表示位置

　サイドバーの表示位置は変更可能です。メニューから「表示」→「外観」→「サイドバーを右に移動」を選択すると右側に移動します。ディスプレイのサイズなどの都合でサイドバーを頻繁に開閉する場合は、サイドバーを右側に配置するとエディターの開始位置を固定できて便利です。

　同様にパネルの表示位置も変更可能です。メニューから「表示」→「外観」→「パネルを右に移動」または「パネルを左に移動」で移動できます。

■ サイドバーとパネルの入れ替え

　サイドバーやパネルの項目の一部は入れ替えることができます。たとえば、図1-6-4 のようにパネルの「ターミナル」をマウスのドラッグ＆ドロップでサイドバーに移動できます。同様にサイドバーの「検索」などもパネルに移動できます。

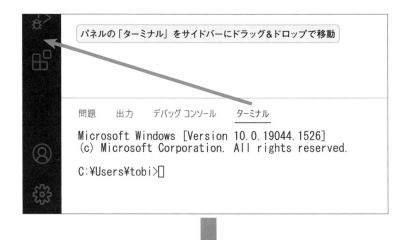

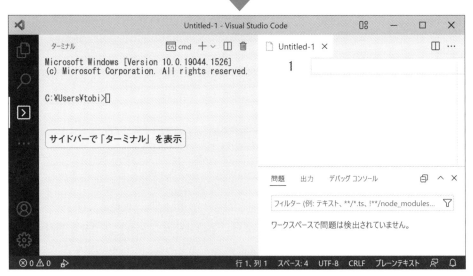

図 1-6-4　ターミナルの移動

■ サイドパネル

　画面右上にある「レイアウトの構成」ボタンでは、「サイドパネルを表示」と「レイアウトのカスタマイズ」を選択できます。図 1-6-5 のように、サイドパネルはサイドバーの反対側に配置されます。パネルの項目をサイドパネルの箇所にドラッグ＆ドロップすると、サイドパネルの項目として設定できます。

図 1-6-5 　サイドパネル

■ レイアウトのカスタマイズ

　「レイアウトの構成」ボタンにある「レイアウトのカスタマイズ」では、パネルの配置方法などを変更できます。たとえば、「両端揃え」に変更すると、図 1-6-6 のようにパネルが左右に広く表示されます。

図 1-6-6 　レイアウトのカスタマイズ

1.6.3 | ステータスバー

　ステータスバーは画面最下部にあり、ファイルの状態などを表示します。このエリアで、文字コードや言語モードの表示、設定などができます。初期状態で表示される項目は、表 1-6-4 と図 1-6-7 のとおりです。これらの項目は、クリックすることで変更や詳細表示などを行えます。

表 1-6-4　ステータスバーの項目

名称	説明
問題	エラー数と警告数を表示する
行・列番号	エディター上のカーソル位置の行番号、列番号を表示する
インデント	インデントの種類（スペース / タブ）とサイズを表示する
文字コード	ファイルの文字コード（UTF-8、Shift JIS など）を表示する
改行コード	ファイルの改行コード（CRLF など）を表示する
言語モード	ファイルの言語モード（プレーンテキスト、Python など）を表示する
フィードバック	VSCode 開発チームへのフィードバックを送信する
通知	更新情報などの通知を表示する

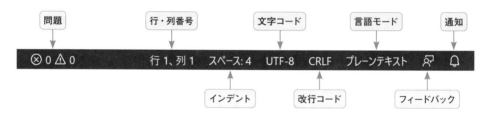

図 1-6-7　ステータスバー

■ 言語モード

　言語モードは、開いているファイルの言語（主にプログラミング言語）を表します。この言語モードの設定は、表示される項目などに影響します。たとえば言語モードが Python ならば、Python の実行やデバッグを行うボタンなどが表示されます。また、コードのハイライトも Python 用に変わります。

　言語モードは、基本的にファイル拡張子（.py など）やファイルの内容をもとに自動判別されますが、ステータスバーの「言語モード」をクリックすることで手動でも設定できます。

1.7 拡張機能

VSCode に標準で搭載されている機能はそれほど多くありません。必要な機能は拡張機能で追加していきます。拡張機能には、ブックマークのような手軽なものからリモート開発のような大掛かりな機能まで、さまざまなものが存在します。

■ 拡張機能のインストール

拡張機能を探すには、図 1-7-1 のようにサイドバー「拡張機能」から検索します。検索した拡張機能の「インストール」ボタンをクリックすると、自動でインストールされます。

図 1-7-1　拡張機能のインストール

■ 拡張機能 ID

VSCode の拡張機能には、同じ名前のものが複数存在することもあります。その場合は拡張機能 ID で識別してください。拡張機能 ID は、「ms-python.python」といった形式の文字列です。本書で拡張機能を紹介するときは拡張機能 ID も載せているので、インストール時に確認してください。

■ 拡張機能パック

拡張機能パックは、関連する拡張機能をまとめてインストールする仕組みです。図 1-7-2 のように個々の拡張機能が設定されていて、通常の拡張機能と同じようにインストールされます。

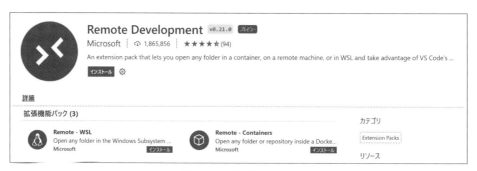

図 1-7-2　拡張機能パック

■ Visual Studio Marketplace

「Visual Studio Marketplace」（https://marketplace.visualstudio.com/vscode）は、Microsoft が管理している拡張機能一覧の Web サイトです。このサイトには企業が開発したものから個人で開発したものまで多くの拡張機能が載っています。VSCode のサイドバーで検索・表示される内容は、この「Visual Studio Marketplace」と同じものです。

■ 拡張機能の自動更新

デフォルトでは、拡張機能は自動更新します。この自動更新を無効にしたい場合は、拡張機能サイドバーのメニューにある「自動更新拡張機能」を「なし」に設定してください。

1.8 設定の変更

VSCode の設定を変更し、ユーザーに合わせた環境にカスタマイズできます。アクティビティバーの下側にある「管理」メニューから「設定」を選択すると、図 1-8-1 のように設定画面が開きます。この画面で値を変更すれば VSCode に反映されます。

図 1-8-1　設定画面

■ ユーザーとワークスペース

設定には、「ユーザー」と「ワークスペース」といった異なる設定範囲が用意されています。「ユーザー」は、ログイン中の OS ユーザーに対して適用されます。一方、「ワークスペース」は、開いているワークスペース（フォルダー）に適用されます。

どのファイルやフォルダーを開いたときでも適用したい内容は「ユーザー」に設定し、特定のワークスペースのみに設定したい内容は「ワークスペース」に設定します。なお、詳細については第 3 章で説明します。

■ JSON ファイルによる設定（settings.json）

　変更した設定は JSON ファイル「settings.json」に保存されます。この settings.json は、コマンドパレット「基本設定：設定（JSON）を開く（Preferences: Open Settings（JSON））」で図 1-8-2 のように開きます。

　このファイルを直接編集することでも設定を変更できます。また、ファイルを別環境の VSCode にコピーすれば、設定の移行もできます。

図 1-8-2　設定ファイル（JSON）

■ 設定 ID

「settings.json」にある「workbench.colorTheme」などのキー側の値は、設定 ID と呼ばれます。設定 ID は設定項目を一意に表す情報で、図 1-8-3 のように設定画面のメニューからコピーできます。また、設定画面から設定 ID で検索すると、その設定項目が表示されます。本書の設定項目は、基本的にこの設定 ID で記載します。

図 1-8-3　設定 ID

■ 言語モードごとの設定

「settings.json」には、言語モードごとに設定を記述できます。たとえば、次のように「"[html]":{…}」と記述すると HTML 用の設定になります。

```
{
    "[html]": {
        "editor.formatOnSave": true
    }
}
```

■ 設定の同期（Settings Sync）

　設定の同期を使用すると、複数環境の設定をより手軽に同期できます。設定画面にある「設定の同期をオンにする」ボタンをクリックすると、図 1-8-4 のように同期する項目が表示されて、アカウントのサインインが求められます。このとき使用できるのは Microsoft アカウントと GitHub アカウントです。サインインが終わると同期が有効になります。

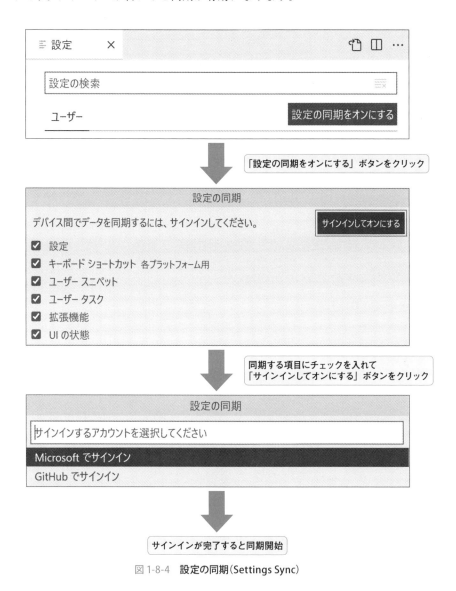

図 1-8-4　設定の同期（Settings Sync）

■ 設定ファイルの格納フォルダー

settings.json などの設定ファイルは、ユーザーデータフォルダーの「User」に格納されています。OS ごとのユーザーデータフォルダーを表 1-8-1 に、また、拡張機能などを格納するフォルダーを表 1-8-2 に、それぞれ示します。

VSCode のアンインストール時にユーザーデータも含めて削除したい場合は、この 2 つのフォルダーを手動で削除する必要があります。詳細は「https://code.visualstudio.com/Docs/setup/setup-overview」の「How can I do a 'clean' uninstall of VS Code?」をご確認ください。

表 1-8-1 　ユーザーデータファイルの格納フォルダー

OS	フォルダー
Windows	%APPDATA%¥Code 例：C:¥Users¥ ユーザー名 ¥AppData¥Roaming¥Code
macOS	$HOME/Library/Application Support/Code 例：/home/ ユーザー名 /Library/Application Support/Code
Linux	$HOME/.config/Code 例：/home/ ユーザー名 /.config/Code

表 1-8-2 　拡張機能などの格納フォルダー

OS	フォルダー
Windows	%USERPROFILE%¥.vscode 例：C:¥Users¥ ユーザー名 ¥.vscode
macOS	$HOME/.vscode 例：/home/ ユーザー名 /.vscode
Linux	$HOME/.vscode 例：/home/ ユーザー名 /.vscode

1.9 ショートカットキー

　エディターのショートカットキーは、作業を効率的に行う上で重要です。デフォルトで設定されているショートカットキーは、設定画面で確認や変更を行うことができます。

1.9.1 ショートカットキーの設定画面

　アクティビティバーの下側にある「管理」メニューから「キーボード ショートカットキー」を選択すると、図1-9-1のようなショートカットキーの設定画面が表示されます。

図 1-9-1　ショートカットキーの設定画面

　各項目の内容は次のとおりです。

■ コマンド・コマンド ID

　コマンド列は、ショートカットキーの入力時に実行するコマンドの内容です。また、右クリックメニューからコマンド ID をコピーできます。このコマンド ID は、実行するコマンドを一意に表す情報で、「workbench.action.files.openFile」といった形式になっています。コマンドパレットにコマンド ID を入力すると、対応するコマンドを実行できます。

■ キーバインド

キーバインド列は、入力するショートカットキーです。ここに表示されている内容を、ダブルクリックまたは選択して［Enter］で変更することができます。

■ いつ（When 式）

「いつ」列は、VSCode の状態を表しています。たとえば「editorTextFocus」はエディターの編集エリアにフォーカスがある状態、「editorReadOnly」はエディターで開いているファイルが読み込み専用の状態を表します。「いつ」列に指定があると、その指定された状態でのみショートカットキーを実行可能です。

「いつ」列の変更は、右クリックメニューの「When 式を変更」で行います。演算子による組み合わせが可能で「editorTextFocus && !editorReadOnly」のように記述できます。

前述した「editorTextFocus」などは真偽値の項目ですが、真偽値以外にも数値や文字列の項目が存在します。エディターグループ内のエディター数を表す「groupEditorsCount」は数値、言語モードを表す「editorLangId」は文字列です。数値の場合は、等価演算子と比較演算子（「==」「!=」「<」「<=」「>」「>=」）を使用できます。一方、文字列の場合は、等価演算子の他に正規表現によるパターンマッチ演算子「=~」を使用できます。パターンマッチ演算子は「editorLangId =~ / json|jsonc/」のように記述します。

When 式で使用できる代表的な項目は表 1-9-1 のとおりです。その他の項目については、「https://code.visualstudio.com/api/references/when-clause-contexts」をご確認ください。

表 1-9-1　When 式の項目

項目	型	説明
editorTextFocus	真偽値	エディターの編集エリアにフォーカスがある状態
editorHasSelection	真偽値	エディター内で範囲選択中
editorReadonly	真偽値	エディターが読み込み専用の状態
findWidgetVisible	真偽値	検索ボックスを表示中
suggestWidgetVisible	真偽値	自動補完などの補完候補を表示中
explorerViewletVisible	真偽値	エクスプローラーのサイドバーを表示中
searchViewletVisible	真偽値	検索のサイドバーを表示中
editorLangId	文字列	エディターの言語モード
focusedView	文字列	フォーカス中のビュー名
groupEditorsCount	数値	エディターグループ内のエディター数
workspaceFolderCount	数値	ワークスペースで開いているフォルダー数

■ 2 ストロークのショートカットキー

　ショートカットキーの中には、2 ストロークが必要なものもあります。たとえば「すべてのエディターを閉じる」ショートカットキーは、[Ctrl + K] を押した後、[Ctrl + W] を押すことで実行されます（ macOS [Cmd + K] を押した後で [Cmd + W]）。本書では、このような入力を [Ctrl + K][Ctrl + W] と記載します。

　2 ストロークのうち 1 番目のキーの入力後は、図 1-9-2 のようにステータスバーに表示されます。デフォルトでは基本的に、[Ctrl + K]（ macOS [Cmd + K]）が 1 番目のショートカットキーになります。

⊗ 0 △ 0　　(Ctrl+K) が渡されました。2 番目のキーを待っています…　　　　　　　行 1、列 1　　スペース: 4

図 1-9-2　2 ストロークの 1 番目の入力表示（ステータスバー）

■ 「キーを記録」で検索

　ショートカットキーの検索には、「キーを記録」して行うモードがあります。具体的には、検索ボックスの右側にある「キーを記録」を有効にした後、検索したいキーを押すと検索条件として入力されます。たとえばキーボードで [Ctrl + O] を押すと、検索ボックスに「"ctrl+o"」と入力されます。

1.9.2 | JSON ファイルによるショートカットキー設定

　通常の設定ファイルと同じように、ショートカットキーの設定も JSON ファイル（ここでは「keybindings.json」）に保存されます。このファイルは、コマンドパレット「基本設定: キーボードショートカットを開く（JSON）（Preferences: Open Keyboard Shortcuts（JSON））」の実行で開きます。

　このファイルを直接編集することでも、設定を変更できます。図 1-9-3 のようにコマンド ID や When 式の一覧が自動候補で表示されるので、項目を探しながら設定する場合にお勧めです。

図 1-9-3　keybindings.json

1.9.3 | キーマップ

1

　拡張機能には、ショートカットキーをまとめて設定できる「キーマップ」があります。キーマップは、基本的に Sublime Text や Vim など他のエディターごとに用意されています。このようなキーマップ拡張をインストールすることで、もともと使用していたエディターの感覚をある程度残したまま VSCode を使い始めることができます。

　キーマップ拡張機能を検索するには、アクティビティバーの下側にある「管理」メニューから「キーボードショートカットを移行する」を選択します。選択後、図 1-9-4 のようにキーマップが一覧で表示されます。

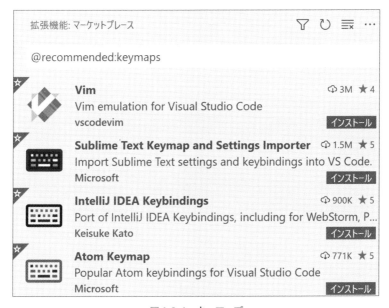

図 1-9-4　**キーマップ**

1.10 配色とアイコン

VSCode では、テーマを切り替えることで配色やアイコンを変更できます。具体的には、「管理」メニューの「配色テーマ」、「ファイルアイコンのテーマ」、「製品アイコンのテーマ」の中から選択可能です。各テーマは、拡張機能のインストールで追加登録することができます。

■ 配色テーマ

配色のテーマは、主に背景やフォントの色に影響します。デフォルトの配色テーマは「Dark+」で黒背景の配色です。白背景系の配色にしたい場合は、「Light+」などのライトテーマを選択してください。本書では、基本的に「Light+」を使用しています。

■ ファイルアイコンのテーマ

ファイルアイコンのテーマは、主に「エクスプローラー」サイドバーのアイコンに影響します。デフォルトのファイルアイコンのテーマは「Seti」になっています。

より見やすいファイルアイコンテーマとして、拡張機能「vscode-icons」（拡張機能 ID: vscode-icons-team.vscode-icons）がお勧めです。「Seti」と比べて色鮮やかでフォルダーにもアイコンが追加されます。

図 1-10-1　拡張機能「vscode-icons」のエクスプローラー

■ 製品アイコンのテーマ

製品アイコンのテーマは、主にアクティビティバーのアイコンやサイドバー内のアイコンなどに影響します。

■ 設定による配色カスタマイズ

テーマ以外でも、設定ID「workbench.colorCustomizations」を変更することで配色をカスタマイズできます。たとえば、図1-10-2のように「"editor.lineHighlightBackground"："#C0C0C0"」と設定すると、カーソル行の背景色が灰色になります。主な設定項目は表1-10-1のとおりです。すべての設定項目の一覧は「https://code.visualstudio.com/api/references/theme-color」をご確認ください。

カーソル行のみ灰色の背景色

図1-10-2　カーソル行の背景色カスタマイズ

表1-10-1　workbench.colorCustomizations の配色の設定

配色の設定	説明
editor.background	エディター全体の背景色
editor.foreground	エディター全体の前景色（フォントの色など）
editor.lineHighlightBackground	カーソル行の背景色 (設定ID:「"editor.renderLineHighlight": "all"」で行番号の背景色まで変更)
editor.lineHighlightBorder	カーソル行の境界線の色
editorLineNumber.foreground	エディターの行番号の色（カーソル行以外）
editorLineNumber.activeForeground	カーソル行の行番号の色
editor.selectionBackground	エディターの範囲選択中の色

また、対応する開き括弧と閉じ括弧ごとに色分けしたい場合は、設定ID「editor.bracketPairColorization.enabled」を true に変更します。

39

■拡張機能による配色カスタマイズ

　拡張機能の中には、インデントを色分けする「indent-rainbow」（拡張機能 ID: oderwat.indent-rainbow）などがあります。拡張機能であるため、設定の変更よりも複雑な条件での配色が可能になっています。

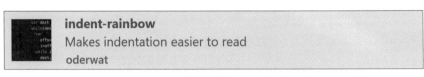

図 1-10-3　indent-rainbow（拡張機能 ID: oderwat.indent-rainbow）

第**2**章

VSCodeを体験しよう

　本章では、VSCode を始める第一歩として、Markdown
や Python の簡単なコードを書きながらプレビュー表示やデ
バッグ機能などについて紹介します。操作や画面の遷移に慣
れて頂くため、手順を細かく記載しています。この章を通じて
VSCode の特徴をつかんでください。

2.1 Markdown による ドキュメント作成

　Markdown は、簡単な記法でリストやリンクなどを作成できる言語です。Markdown 形式で作成したテキストは、HTML に変換してブラウザに表示できます。その手軽さが受け入れられ、近年、さまざまなソフトウェアやサービスで広く使用されています。VSCode を始めるにあたって、まずは、この Markdown でドキュメントを作成してみましょう。

2.1.1 ファイルの新規作成とプレビュー表示

　Markdown は、HTML などのソースコードと同様にテキストで記述します。そのため、まずは VSCode 上でファイルを新規作成するところから始めます。次に Markdown コードを入力して、プレビュー機能でブラウザのように表示させます。具体的な操作箇所は図 2-1-1 をご覧ください。

図 2-1-1　Markdown の作成

① 画面左上のメニューから「ファイル」→「新規ファイル」を選択してください。新規ファイルが「Untitled-1」というタブ名で作成されます。

② Markdown コードを次のように入力します。

```
# Hello, Markdown
## サブタイトル
- first
- second
- third
```

③ 入力が終わったら、Markdown のファイルとして保存します。メニューから「ファイル」→「保存」を選択してください。保存先ダイアログが表示されるので、保存するファイルの名前を「hello.md」とします。このとき、拡張子が「.md」であることが重要です。VSCode は、この拡張子から Markdown であることを自動で認識します。

④ 保存すると画面の表示が少し変わります。特に右下の項目が「Markdown」に変わったことに注目してください。この表示は、現在扱っている「言語モード」を示しています。

⑤ VSCode は、Markdown のプレビュー表示機能を標準で搭載しています。右上にある「プレビューを横に表示」ボタンをクリックすると、図 2-1-2 のようにプレビューが右側に表示されます。

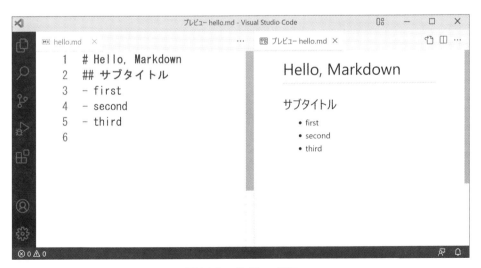

図 2-1-2　プレビュー表示

　このプレビュー表示はリアルタイムで反映されます。試しに、左側の「hello.md」に次のコードを追加してみてください。

```
- four
```

　このコードを追加すると、即時に右側のプレビューにも「・four」が追加されます。

2.1.2 | スニペット（テンプレート）による入力

　スニペット（snippet）は、繰り返し使用するコードパターンの入力を支援するテンプレート機能です。Markdown では先ほど入力したように、ヘッダーを表す「#」やリストを表す「-」を使用します。これらの記法を楽に入力したい場合や覚えきれない場合は、スニペットによる入力が便利です。

■ コマンドパレットによる入力

まずはコマンドパレットから「link」のスニペットを入力してみましょう。

①　コマンドパレットを起動します。起動のショートカットキーは次のとおりです。

表 2-1-1　コマンドパレット起動のショートカットキー

操作	Windows / Linux	macOS
コマンドパレット起動	[Shift + Ctrl + P] または [F1]	[Shift + Cmd + P] または [F1]

②　コマンドパレットに「snippet」と入力し、「スニペットの挿入（Insert Snippet）」を選択します。

図 2-1-3　スニペットの挿入

③ 「link」と入力し、「Insert link」を選択します。

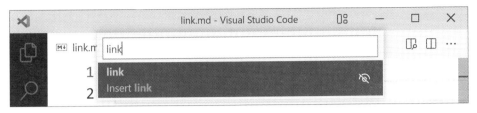

図 2-1-4　**Insert link の選択**

④ スニペットで「[text] (https://link)」と入力されます。網掛けの項目（「text」と「link」）が変更箇所になっており、これは［Tab］キーで移動できます。GitHub の link を作るために、「GitHub [Tab] github.com [Tab]」のように入力してみましょう。

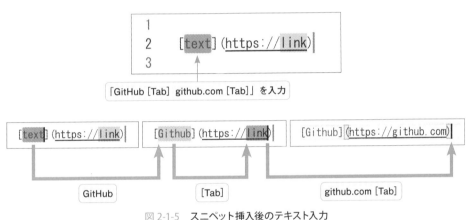

図 2-1-5　**スニペット挿入後のテキスト入力**

⑤ このスニペットの入力によって、プレビュー上でクリック可能なリンクが作成されます。リンクをクリックし、表示されたダイアログの「開く」ボタンを押すと、ブラウザで GitHub のサイトが開きます。

■ ショートカットキーによる入力

前述のようにスニペットにより、決まったパターンの入力を簡単に行うことができます。より手軽に入力するには、コマンドパレットではなくショートカットキーを使うと便利です。次のショートカットキーで、スニペットを含む候補の一覧を表示できます。

表 2-1-2　**入力候補表示のショートカットキー**

操作	Windows / Linux	macOS
スニペットなどの入力候補を表示	[Ctrl + Space]	[Ctrl + Space] または [Option + Esc]

　macOS の［Ctrl + Space］は、OS のショートカット（日本語入力の切り替え）が設定されている場合があります。その場合は［Option + Esc］を使用するか OS の設定を変更してください。

　候補の一覧にはスニペットだけでなく、さまざまな補完候補が表示されます。候補が多いため、［Ctrl + Space］の後に 1 文字だけ、英小文字の「l」（エル）を入力してみてください。図 2-1-6 のように候補が絞り込まれます。

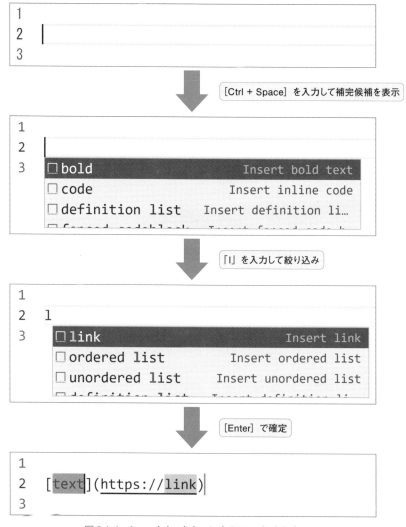

図 2-1-6　ショートカットキーによるスニペット入力

　「link」を選択して［Enter］を押すと、コマンドパレットから入力したときと同様に、スニペットの［text］(https://link) が入力されます。

　Markdown は、拡張機能を使うことで HTML や PDF のファイルを出力できます。さらに、UML や数式を埋め込むことも可能です。詳しくは第5章で説明します。

　また、スニペットは、ユーザー自身で作成したり、拡張機能によって追加したりすることができます。スニペットの作成方法は第6章で紹介します。

Column **OS のショートカットキー変更**

　VSCode 上のショートカットキーは設定で変更可能ですが、種類によっては OS 全体で統一的にショートカットキーを変更したい場合もあります。そのような場合、Windows であれば「PowerToys」、macOS であれば「システム環境設定」や「Karabiner-Elements」を使用することで変更できます。

　「PowerToys」は、Microsoft が開発しているユーティリティツールです。インストール後、「PowerToys」の「Keyboard Manager」を使用すると OS 全体のショートカットキーを設定できます。また、「PowerToys」には、ファイル名を一括変換する「PowerRename」や、ウィンドウレイアウトの配置を設定できる「FancyZones」などがあります。

　macOS では、OS 標準機能の「システム環境設定」→「キーボード」→「ショートカット」である程度の変更ができます。一方で、「全角／半角」キーで日本語／英語を切り替えたい場合などは、OS 標準機能では実現できません。「Karabiner-Elements」を使えば、このようなことも実現可能です。また、シェルコマンドを割り当てるなど複雑な設定も行うことができます。

2.2　Python によるプログラミング

Python は、Web アプリやデータ分析などでよく使用される動的なプログラミング言語です。本書では、主に Python を用いて VSCode のプログラミングサポート機能を紹介していきます。ここでは最初の導入として、VSCode 上で Python を実行する手順と、デバッガや自動整形ツールの扱い方を説明します。

2.2.1　Python のインストール

まず初めに、Python 本体をインストールします。Windows ではインストーラを用いる方法が簡単です。macOS の場合はインストーラまたは Homebrew、Linux の場合は OS のパッケージマネージャによるインストールをお勧めします。

■ インストーラを使用する場合

① 「https://www.python.org/downloads/」から最新の Python インストーラをダウンロードします。Windows の場合は exe ファイル、macOS の場合は pkg ファイルになります。

② ダウンロードしたインストーラを実行して、インストールします。

③ インストールが完了したら、コマンドプロンプトまたはターミナルを開いて次のコマンドを実行します。

```
# Windows の場合
py -3 --version

# macOS の場合
python3 --version
```

バージョンが出力されたら、正常にインストールされています。

■ Homebrew の場合

① Homebrew がインストールされていない場合、「https://brew.sh/」に記載された手順で Homebrew をインストールします。

② ターミナルを開いて次のコマンドを実行します。

```
brew install python3
python3 --version
```

バージョンが出力されたら、正常にインストールされています。

■ Linux の場合

ターミナルを開いて次のコマンドを実行します。

```
python3 --version
```

バージョンが出力されたら、すでにインストールは済んでいます。

インストールされていない場合は、次のコマンドでインストールします。インストールの権限として必要であれば、先頭に「sudo」を付けてください。

```
# deb 形式の場合
apt install python3

# rpm 形式の場合
yum install python3
```

2.2.2 Python の拡張機能のインストール

Python をインストールできたら、次は VSCode に Python 拡張機能（拡張機能 ID: ms-python.python）を拡張機能サイドバーからインストールしましょう。この拡張機能は Microsoft が作成したものです。これに似た名称の拡張機能がいくつかあるので注意してください。

Python
IntelliSense (Pylance), Linting, Debugging (multi-threaded, re...
Microsoft

図 2-2-1　**Python の拡張機能**（拡張機能 ID: ms-python.python）

拡張機能を導入することで、Python の実行、デバッガ、コード補完、自動整形などさまざまな機能を使用できるようになります。

2.2.3 | Python コードの実行

Python とその拡張機能をインストールしたら、いよいよコードの入力と実行です。

■ コードの入力

まずは「hello.py」ファイルを作成してください。ファイルの拡張子を「.py」にすると言語モードが自動的に「Python」になります。「hello.py」ファイルには、次のコードを入力してください。

```
print("Hello, world!")
```

print 関数の最初の 1 文字「p」を入力すると、候補が自動で表示されます。候補の表示を消す場合は [Esc]、再表示させたい場合は [Ctrl + Space]（ macOS [Option + Esc]）です。入力したいコードを決定するには、対象を上下キーで選択した後で [Tab]（または [Enter]）を押します。

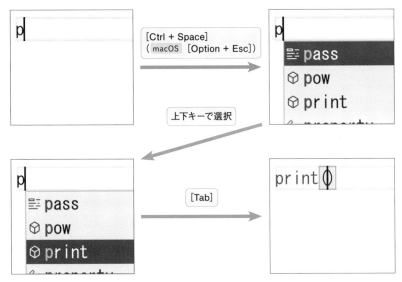

図 2-2-2　候補の表示・選択

■ プログラムの実行

それではプログラムを実行してみましょう。画面右上にある「▷」ボタン（「Run Python File」ボタン）をクリックしてください。すると、パネルの「ターミナル」が開き、「Hello, world！」が出力されます。メニューの「実行」→「デバッグなしで実行」や [Ctrl + F5] でも同様に実行できます。

図 2-2-3　デバッグなしで実行

■ 行単位のプログラム実行

　Python 特有の拡張機能として、行選択での実行があります。具体的には、print 関数の行に合わせて［Shift + Enter］を押すと、対象行のみで Python が実行します。また、複数行を範囲選択した状態で［Shift + Enter］を押すと、その選択範囲内のコードを実行します。

2.2.4 デバッガによる値の変更

　プログラムの実行は、通常の実行とデバッグ実行の2つに大きく分けられます。デバッグ実行をすると、プログラムを途中で中断したり、変数の値を変更したりすることができます。ここでは、VSCode 組み込みのデバッガの操作方法について説明します。

■ デバッグ実行

　まずは次のコードを「debug.py」ファイルで作成してください。先ほどの「hello.py」と似ていますが、msg 変数に値を格納している点が異なります。

```
msg = "Hello, world!"
print(msg)
```

作成し終えたら、ブレークポイントなしでデバッグ実行します。図 2-2-4 のように、画面右上にある「▷」ボタンのプルダウンメニューから「Debug Python File」をクリックしてください。デバッグ実行が開始します。

デバッグ実行は、「実行とデバッグ」サイドバーの「実行とデバッグ」ボタンをクリックするか、［F5］を押すことでも開始できます。その場合は「Debug Configuration」と表示されるので、「Python File」を選択してください。

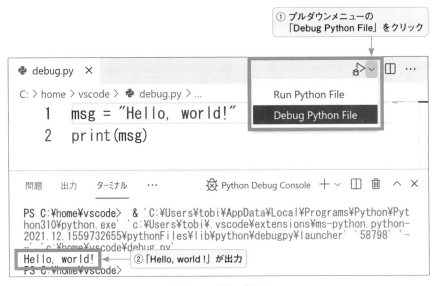

図 2-2-4　デバッグ実行

■ ブレークポイントと値の変更

「Hello, world！」が出力されたことを確認できたら、次はブレークポイントを設定して実行しましょう。ブレークポイントとは、デバッグ実行中に処理を中断する場所のことです。ブレークポイントを設定することで、プログラム実行中の値を確認できるほか、値を変更することもできます。

ブレークポイントを設定するには、行番号の左側をクリックするか、［F9］を押します。ここでは、図 2-2-5 のように 2 行目の print 関数にブレークポイントを設定してください。設定すると赤い丸が表示されます。

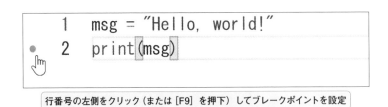

図 2-2-5　ブレークポイントの設定

設定が終わったら、再度デバッグ実行をしましょう。ブレークポイントを設定した 2 行目でプログラムが中断します。この状態でサイドバーの「変数」→「Locals」を見ると、msg 変数の値が確認できます。msg 変数の値はダブルクリックすると編集可能になります。ここでは「Hello, world!」を「Hello, VSCode!」に変更してみましょう。

③「続行」ボタンをクリック（または [F5]）

① ブレークポイントを設定した 2 行目で中断

② ダブルクリックして値を変更

図 2-2-6　デバッグ実行時の値変更

値の変更後、画面上部の「続行」ボタンをクリックまたは [F5] を押して、プログラムを続行します。プログラムは、変更した値の「Hello, VSCode!」を出力して終了します。このようにデバッガを用いることで、値の確認や変更を行うことができます。

2.2.5 コードの自動整形

コードを記述しているとき、スペースの数や改行位置などが統一できていない場合があります。これは可読性の低下につながるので、できる限り避けることが望ましいです。しかし、書き手にとって、この点に注意し続けるのは負担になります。そのため、「フォーマッタ」と呼ばれる、コードを自動整形するツールがさまざまな言語において存在しています。そして VSCode には、このフォーマッタと連携する機能が用意されています。

それでは Python のフォーマッタを使ってみましょう。次のコードを「formatter.py」ファイルで作成してください。このコードは、スペースの数などが不統一になっています。

```
def hello() :
    msg="Hello,"
    print( msg )

def world():
    msg  ="world!"
    print (msg)



hello()
world()
```

　ファイルを作成後、コードを整形するには右クリックメニューで「ドキュメントのフォーマット」を選択します。ショートカットキーで実行する場合は次のとおりです。

表 2-2-1　ドキュメントのフォーマットのショートカットキー

操作	Windows	macOS	Linux
ドキュメントのフォーマット	[Shift + Alt + F]	[Shift + Option + F]	[Shift + Alt + I]

　Python のフォーマッタはいくつかありますが、今回はデフォルトで選択されている「autopep8」を使用します。初めて「ドキュメントのフォーマット」を実行したとき、画面右下に通知が図 2-2-7 のように表示されるので、「Yes」ボタンをクリックしてください。すると、「autopep8」がインストールされて VSCode 上で使用可能になります。

図 2-2-7　フォーマッタ(autopep8) のインストール

　autopep8 をインストールした後、再度「ドキュメントのフォーマット」を実行してください。コードが図 2-2-8 のように整形されます。

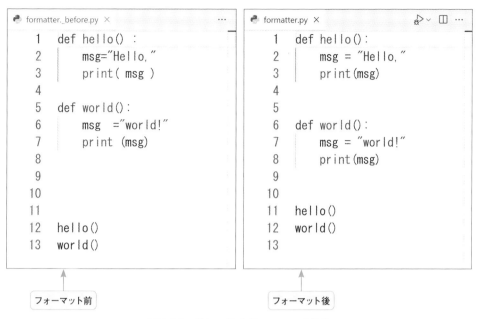

図 2-2-8　ドキュメントのフォーマット前後

　フォーマッタによってスペースや改行の数などが統一されました。このように手間のかかる作業をフォーマッタなどのツールに任せれば、コードに集中できる環境を整えることができます。

　本節では、Python コードの実行、および Python の拡張機能がサポートするデバッガやフォーマッタの概要について説明しました。Python 拡張機能の本格的な使用方法については第 6 章で説明します。

第**3**章

基本的な
エディター機能

本章では、VSCode の基本的な機能として、テキストの編集やファイルの操作などについて説明します。また、エディターグループなどの画面構成やターミナルについても説明します。

3.1 テキストの編集

　エディターの基本であり最も多く使用する機能として、テキストの編集機能があります。この編集機能は、カーソル移動や範囲選択などのショートカットキー、およびマルチカーソルを組み合わせることで作業を効率化することができます。

3.1.1 カーソルの移動、範囲選択

　VSCode では、カーソル移動や範囲選択のさまざまなショートカットキーが用意されています。

■ ワード単位のカーソル移動と削除

　通常のカーソル移動や削除は 1 文字ずつ行いますが、ショートカットキーを使用するとワード単位で行うことができます。この操作は表 3-1-1 に示すように、基本的に［Ctrl］（ `macOS` ［Option］）との組み合わせになります。

　ワード単位の区切りは言語モードによって異なりますが、基本的に空白や記号で区切られます。この操作により、指定の位置まで素早く移動できます。また、範囲選択をともなう移動は一般に［Shift］を追加することで行えます。

表 3-1-1　ワード単位のカーソル移動・削除・範囲選択のショートカットキー

操作	Windows / Linux	macOS
ワード単位のカーソル移動（右）	［Ctrl + 右キー］	［Option + 右キー］
ワード単位のカーソル移動（左）	［Ctrl + 左キー］	［Option + 左キー］
ワード単位の削除（右）	［Ctrl + Delete］	［Option + Fn + Delete］
ワード単位の削除（左）	［Ctrl + Backspace］	［Option + Delete］
ワード単位の範囲選択（右）	［Shift + Ctrl + 右キー］	［Shift + Option + 右キー］
ワード単位の範囲選択（左）	［Shift + Ctrl + 左キー］	［Shift + Option + 左キー］
カーソル位置にあるワードを範囲選択	［Ctrl + D］	［Cmd + D］

　図 3-1-1 は、「math.sin(1)」上での、ワード単位のカーソル移動と削除の動作例です。先頭にカーソルがある状態から、少ないキー操作で「sin」を削除することが可能です。

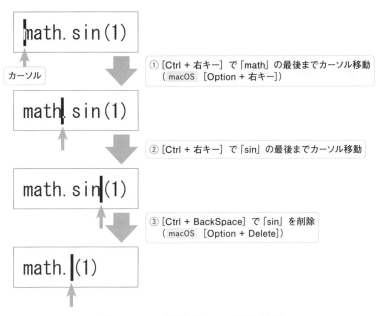

図 3-1-1　ワード単位のカーソル移動と削除

■ カーソル位置にあるワードを範囲選択

［Ctrl + D］（ macOS ［Cmd + D］）を押すと、図 3-1-2 のように、カーソル位置にあるワードが範囲選択されます。これは、カーソル上にある変数名などを選択したい場合に便利です。ただし、続けて押すとマルチカーソルになるので注意してください。マルチカーソルとしての使い方は「3.1.3 マルチカーソル」で紹介します。

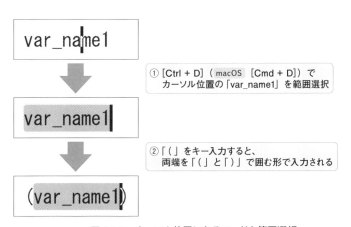

図 3-1-2　カーソル位置にあるワードを範囲選択

■ 範囲選択の項目を囲む

範囲選択中に「(」を入力すると、前ページの図 3-1-2 のように、両端に括弧が入力されて囲む形になります。これは他の括弧の場合も同じです。ダブルクォーテーションなども同様で、範囲選択中に「"」を押すと両端に入力されます。この操作は、[Ctrl + D] や次に紹介するスマートセレクトと組み合わせると効果的です。

■ スマートセレクトによる範囲選択

スマートセレクトを使用すると、カーソルがある位置の単語や括弧などを範囲選択できます。この選択方法では、キーを複数回押すことで図 3-1-3 のように段々と範囲が拡大していきます。スマートセレクトのショートカットキーは表 3-1-2 をご確認ください。

スマートセレクトが [Ctrl + D] による選択と異なる点は、大文字・小文字やアンダーバーも区切りとして判断することです。このため、スマートセレクトは変数名の一部のみを選択したい場合などにも使用できます。

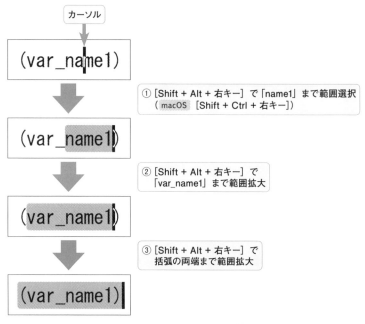

図 3-1-3　スマートセレクトによる範囲選択

表 3-1-2　スマートセレクトのショートカットキー

操作	Windows / Linux	macOS
スマートセレクトによる範囲拡大	[Shift + Alt + 右キー]	[Shift + Ctrl + 右キー]
スマートセレクトによる範囲縮小	[Shift + Alt + 左キー]	[Shift + Ctrl + 左キー]

■ 行全体の範囲選択

行全体を範囲選択する場合は［Ctrl + L］（ macOS ［Cmd + L］）を押します。これにより改行まで含めた行全体の範囲を選択した状態になり、次の行の先頭にカーソルが配置されます。続けて［Ctrl + L］を押すと、カーソルがある2行目の行全体が選択されます。連続して押していくことで複数行を効率よく選択できます。

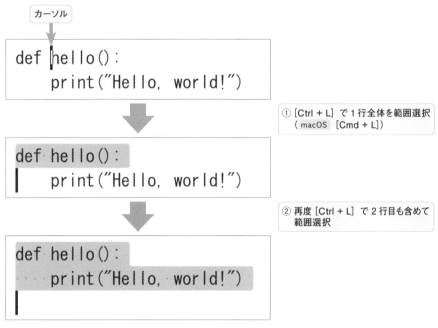

図 3-1-4　行全体の範囲選択

■ 対応する括弧への移動

［Shift + Ctrl + ¥］（ macOS ［Shift + Cmd + ¥］）を押すと、図3-1-5のように対応する括弧に移動します。カーソルが開き括弧にある場合は閉じ括弧に移動し、反対に閉じ括弧にある場合は開き括弧に移動します。

カーソル上が括弧でない場合は、図3-1-6のように次の閉じ括弧に移動します。この機能を利用すると関数などの終端や開始に簡単に移動できます。

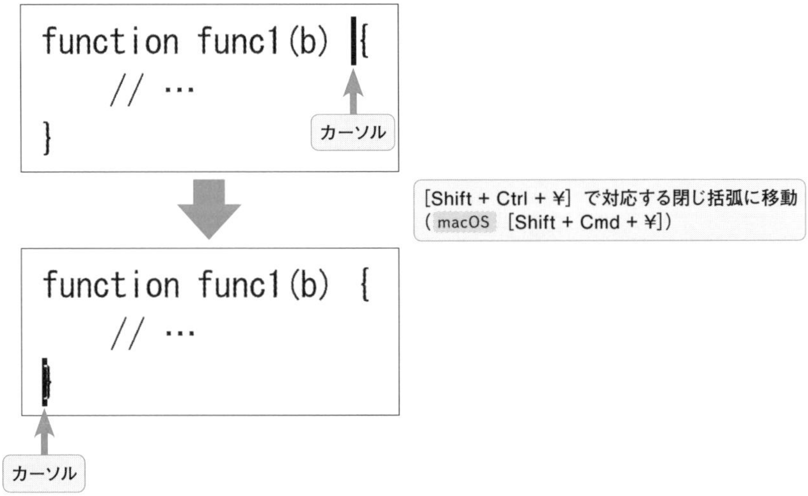

図 3-1-5　対応する括弧への移動

図 3-1-6　次の閉じ括弧への移動

■行番号、列番号指定による移動

　行番号を指定して移動するには、[Ctrl + G] で入力ボックスを開き、図 3-1-7 のように「：」（コロン）の後に行番号を入力して [Enter] で移動します。移動先に列番号も指定する場合は、「: 行番号 : 列番号」を入力します。

① [Ctrl + G] で
入力ボックスを表示

② 行番号を入力して
[Enter] で移動

列番号も指定する場合

図 3-1-7　行番号、列番号指定による移動

■ アンカーの設定と範囲選択

　現在のカーソル上にアンカーを設定するには [Ctrl + K] [Ctrl + B] を押します。次に、アンカーを設定した状態でカーソルを移動して [Ctrl + K] を2回押すと、図3-1-8のようにアンカーから現在のカーソルまで範囲選択されます（ macOS [Cmd + K] [Cmd + B] でアンカー設定、[Cmd + K] を2回押して範囲選択）。なお、アンカーをキャンセルするには [Esc] を押します。

　アンカーを設定することで、[Shift] を押し続けることなく範囲選択できます。これは、対応する括弧への移動や行番号への移動など、[Shift] で選択できないケースで特に役立ちます。

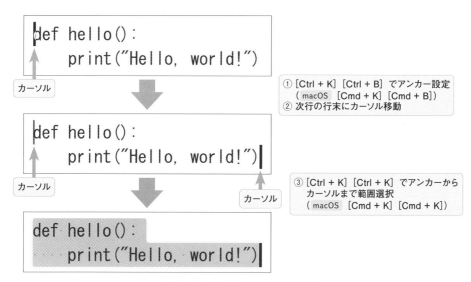

カーソル

① [Ctrl + K] [Ctrl + B] でアンカー設定
　（ macOS [Cmd + K] [Cmd + B]）
② 次行の行末にカーソル移動

カーソル

カーソル

③ [Ctrl + K] [Ctrl + K] でアンカーから
　カーソルまで範囲選択
　（ macOS [Cmd + K] [Cmd + K]）

図 3-1-8　アンカーの設定と範囲選択

■ 最後の編集位置へ移動

ファイルやバッファの内容を編集した最後の位置に移動したい場合は、［Ctrl + K］［Ctrl + Q］（ macOS ［Cmd + K］［Cmd + Q］）を押します。移動先は必ずしも同じファイルというわけではありません。ファイルをまたいで移動する場合もあります。

■ カーソルを戻す

カーソルを移動した後、そのカーソルを 1 つ前の位置に戻したい場合は［Ctrl + U］（ macOS ［Cmd + U］）を押します。マルチカーソルの場合は、この操作により直前のカーソル操作をやり直すことができます。

■ 行頭・行末とファイル先頭・終端への移動

行頭・行末への移動は、［Home］や［End］で実行できます。また、ファイル先頭・終端への移動は［Ctrl + Home］や［Ctrl + End］（ macOS ［Cmd + 上キー］、［Cmd + 下キー］）で実行できます。

ここまでの主なカーソル移動や範囲選択のショートカットキーを表 3-1-3 にまとめていますので、ご確認ください。

表 3-1-3　カーソル移動と範囲選択のショートカットキー

操作	Windows / Linux	macOS
行全体の範囲選択	［Ctrl + L］	［Cmd + L］
対応する括弧への移動	［Shift + Ctrl + ¥］	［Shift + Cmd + ¥］
行番号、列番号指定による移動	［Ctrl + G］	［Ctrl + G］
アンカーの設定	［Ctrl + K］［Ctrl + B］	［Cmd + K］［Cmd + B］
アンカーからカーソルまで範囲選択	［Ctrl + K］［Ctrl + K］	［Cmd + K］［Cmd + K］
アンカーのキャンセル	［Esc］	［Esc］
最後の編集位置へ移動	［Ctrl + K］［Ctrl + Q］	［Cmd + K］［Cmd + Q］
カーソルを戻す	［Ctrl + U］	［Cmd + U］
行頭への移動	［Home］	［Home］ ［Cmd + 左キー］ ［Ctrl + A］
行末への移動	［End］	［End］ ［Cmd + 右キー］ ［Ctrl + E］
ファイル先頭への移動	［Ctrl + Home］	［Cmd + 上キー］
ファイル終端への移動	［Ctrl + End］	［Cmd + 下キー］

■ URL のリンク先への移動

テキストに記載されている URL を［Ctrl ＋ クリック］(`macOS`［Cmd ＋ クリック］) すると、リンク先に移動できます。言語モードによっては、変数や関数などをこの方法でクリックすると定義元に移動できます。

■ 拡張機能「Bookmarks」

拡張機能「Bookmarks」(拡張機能 ID: alefragnani.bookmarks) を使用すると、カーソル位置をブックマークできます。ブックマークしたカーソル位置はサイドバーで確認したり順番に移動したりすることができます。代表的なショートカットキーは表 3-1-4 のとおりです。なお、詳細は拡張機能の Web サイトを確認してください。Web サイトは拡張機能のタイトルをクリックすることで移動できます。

図 3-1-9 拡張機能「Bookmarks」
(拡張機能 ID: alefragnani.bookmarks)

図 3-1-10 拡張機能「Bookmarks」の画面

表 3-1-4 拡張機能「Bookmarks」のショートカットキー

コマンド名	説明	Windows/Linux	macOS
Bookmarks: Toggle	カーソル位置にブックマークを設定する。ブックマークを設定済みの場合は解除する	［Ctrl ＋ Alt ＋ K］	［Cmd ＋ Option ＋ K］
Bookmarks: Jump to Next	次のブックマーク位置に移動する	［Ctrl ＋ Alt ＋ L］	［Cmd ＋ Option ＋ L］
Bookmarks: Jump to Previous	前のブックマーク位置に移動する	［Ctrl ＋ Alt ＋ J］	［Cmd ＋ Option ＋ J］
Bookmarks (Selection): Expand Selection to Next	選択範囲を次のブックマークまで拡大する	［Shift ＋ Alt ＋ L］	［Shift ＋ Option ＋ L］
Bookmarks (Selection): Expand Selection to Previous	選択範囲を前のブックマークまで拡大する	［Shift ＋ Alt ＋ J］	［Shift ＋ Option ＋ J］
Bookmarks (Selection): Shrink Selection	選択範囲を縮小する	［Shift ＋ Alt ＋ K］	［Shift ＋ Option ＋ K］

3.1.2 | 行単位または一括で行う編集操作

テキストの編集では、行単位での操作やインデント、コメントアウトなど、効率的な機能が用意されています。

■ 1 行全体のコピー、切り取り、貼り付け

コピーなどの基本的なコマンドは、OS のショートカットキーと同じです。テキストを範囲選択した状態で［Ctrl + C］（ macOS ［Cmd + C］）を押すと、そのテキストをコピーします。なお、VSCode の場合、範囲選択をせずに［Ctrl + C］を押すと、図 3-1-11 のように行全体をコピーします。

切り取りに対応する［Ctrl + X］（ macOS ［Cmd + X］）も同様で、範囲選択していない場合は行全体を切り取ります。コピーや切り取りした内容を貼り付けたい場合は、［Ctrl + V］（ macOS ［Cmd + V］）です。

図 3-1-11　1 行全体のコピー

■ 行の追加

［Ctrl + Enter］（ macOS ［Cmd + Enter］）を押すと、カーソル位置の下に空行を追加して移動します。この操作は、行末へのカーソル移動をして改行するのと同じです。これとは反対に［Shift + Ctrl + Enter］（ macOS ［Shift + Cmd + Enter］）は、カーソル位置の上に空行を追加して移動します。

カーソル

[Ctrl + Enter]
(macOS [Cmd + Enter])

行を追加して移動

図 3-1-12　行の追加

行単位の削除

　[Shift + Ctrl + K]（ macOS [Shift + Cmd + K]）を押すと、カーソル位置の行をすべて削除します。また、macOS の場合は、[Cmd + Fn + Delete] または [Ctrl + K] でカーソル右側をすべて削除し、[Cmd + Delete] でカーソル左側をすべて削除します。

インデントの追加、削除

　Ctrl +]（ macOS Cmd +]）で図 3-1-13 のようにインデントを追加します。このときカーソルがどの位置にあっても、インデントは行頭に追加されます。また、Ctrl + [（ macOS Cmd + [）でインデントを削除します。

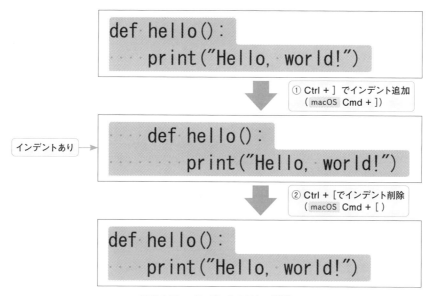

① Ctrl +] でインデント追加
(macOS Cmd +])

インデントあり

② Ctrl + [でインデント削除
(macOS Cmd + [ )

図 3-1-13　インデントの追加、削除

■ コメントの切り替え

　行を選択して［Ctrl + /］を押すと、図 3-1-14 のようにコメント化します。もう一度［Ctrl + /］を押すと、選択範囲のコメントを解除します（ macOS どちらとも［Cmd + /］）。

　JavaScript などの「/* */」のような複数行をコメント扱いにするブロックコメントにも変更できます。ブロックコメントに変更する場合は、［Shift + Alt + A］を押します。解除する場合も同じく［Shift + Alt + A］を押します（ Linux ［Shift + Ctrl + A］、 macOS ［Shift + Option + A］）。

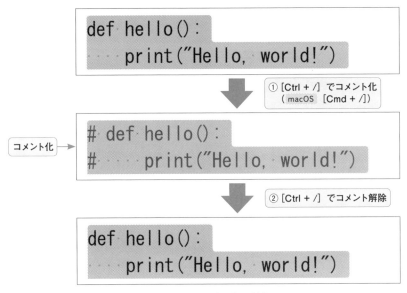

図 3-1-14　コメントの切り替え

■ 行の移動とコピー

　［Alt + 下キー］を押すと、図 3-1-15 のように「カーソル行」と「カーソルの次行」を入れ替えます。これによりカーソルの行の内容が下に移動した形になります。［Alt + 上キー］は、これとは反対に「カーソル行」と「カーソルの前行」を入れ替えます（ macOS ［Option + 下キー］と［Option + 上キー］）。

　［Shift + Alt + 下キー］を押すと、カーソル行の内容を次行にコピーします。［Shift + Alt + 上キー］の場合は、カーソルの前行にコピーします（ macOS ［Shift + Option + 下キー］と［Shift + Option + 上キー］）。

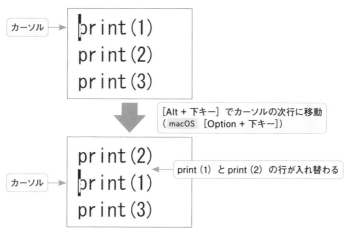

図 3-1-15　行の移動

■ 大文字化と小文字化

　範囲選択中にコマンドパレット「大文字に変換（Transform to Uppercase）」を実行すると、範囲選択していたテキストが大文字に変換されます。同様に「小文字に変換（Transform to Lowercase）」や「先頭文字を大文字に変換する（Transform to Title Case）」でそれぞれ変換できます。

　拡張機能「change-case」（拡張機能 ID: wmaurer.change-case）を活用すると、より多くの変換機能を使うことができます。たとえばアンダーバー区切りの snake ケース（例：var_name）、先頭と単語区切り位置が大文字の pascal ケース（例：VarName）、pascal ケースとほぼ同等だが先頭は小文字の camel ケース（例：varNamer）などがあります。

図 3-1-16　拡張機能「change-case」（拡張機能 ID: wmaurer.change-case）

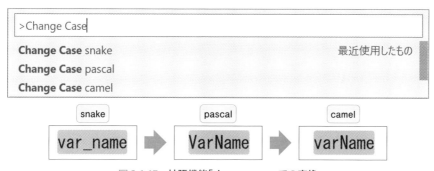

図 3-1-17　拡張機能「change-case」での変換

　ここまでの主な編集操作のショートカットキーを表 3-1-5 に示します。

表 3-1-5　**編集操作のショートカットキー**

操作	Windows / Linux	macOS
カーソル行のコピー（範囲選択なし）	［Ctrl + C］	［Cmd + C］
カーソル行のカット（範囲選択なし）	［Ctrl + X］	［Cmd + X］
ペースト	［Ctrl + V］	［Cmd + V］
カーソルの下に空行を追加・移動	［Ctrl + Enter］	［Cmd + Enter］
カーソルの上に空行を追加・移動	［Shift + Ctrl + Enter］	［Shift + Cmd + Enter］
カーソル行の削除	［Shift + Ctrl + K］	［Shift + Cmd + K］
カーソルの右側を行末まで削除	—	［Ctrl + K］または［Cmd + Fn + Delete］
カーソルの左側を行頭まで削除	—	［Cmd + Delete］
インデント追加	Ctrl + ］	Cmd + ］
インデント削除	Ctrl + ［	Cmd + ［
コメント切り替え	［Ctrl + /］	［Cmd+ /］
ブロックコメント切り替え	Windows：［Shift + Alt + A］ Linux：［Shift + Ctrl + A］	［Shift + Option + A］
カーソル行と次行を入れ替え	［Alt + 下キー］	［Option + 下キー］
カーソル行と前行を入れ替え	［Alt + 上キー］	［Option + 上キー］
カーソル行を次行にコピー	Windows：［Shift + Alt + 下キー］	［Shift + Option + 下キー］
カーソル行を前行にコピー	Windows：［Shift + Alt + 上キー］	［Shift + Option + 上キー］

Column　クリップボード履歴

　通常、クリップボードは、直前の操作でコピーしたデータを 1 つのみ保持しますが、Windows では標準機能でこの点を改善し、複数のデータを保持できるようになりました。

　「クリップボード履歴」は［Windows キー + V］で表示します。初期状態では無効になっているため、「有効にする」ボタンで有効化します。有効にした後でコピーすると、データがクリップボード履歴に残ります。この機能によって、コピーした内容の消失を防ぎ、また、複数コピーした後のペーストなどを行うことができます。

　macOS では「Alfred」や「Clipy」などのツールがクリップボード履歴機能を提供しています。また、VSCode の拡張機能「Clipboard Ring」（拡張機能 ID: sirtobi.code-clip-ring）を使用すると、Windows や macOS と同様に複数回のコピーを記憶できます。大がかりではありませんが、作業効率の向上に役立つ機能です。

3.1.3 | マルチカーソル

マルチカーソルは、複数のカーソルでまとまった操作を行う方法です。ここでは、マルチカーソルの作成と編集方法について説明します。

■ マウスによるカーソル追加と編集

まずはマウスを使用してマルチカーソルを作成してみましょう。［Alt］を押しながらクリックすると（ macOS ［Option + クリック］）、その箇所にカーソルが追加されます。この状況で編集すると、図 3-1-18 のようにすべてのカーソルに反映されます。

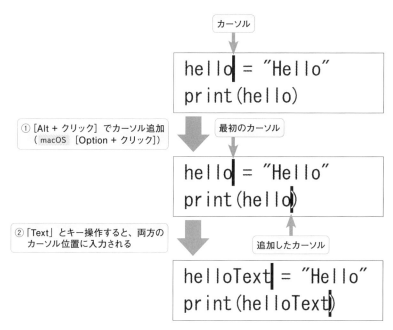

図 3-1-18　マウスによるカーソル追加と編集

このあと他のマルチカーソル作成方法をいくつか紹介しますが、マウスで作成する方法が最も柔軟かつ直感的です。操作方法に迷ったら、［Alt + クリック］でカーソルを追加しましょう。

なお、メニューの「選択」→「マルチカーソルを Ctrl + Click に切り替える」を選択すると、［Ctrl + クリック］（ macOS ［Cmd + クリック］）でマルチカーソルを作成するようになります。

■ マルチカーソルの個数表示

マルチカーソルを作成すると、画面右下のステータスバーにカーソルの個数が表示されます（図 3-1-19）。カーソルが複数あるとエディター上からは判別しづらくなるため、この個数表示で状況を確認してください。

カーソルの個数を表示

図 3-1-19　マルチカーソルの個数表示（ステータスバー）

■ 範囲選択によるマルチカーソル

範囲選択していない状態で［Ctrl + D］（ macOS ［Cmd + D］）を押すと、「3.1.1 カーソルの移動、範囲選択」で紹介したように、カーソル上のワードを範囲選択します。

一方、図 3-1-20 のように範囲選択した状態で［Ctrl + D］を押すと、一致する次のテキストにカーソルが追加されます。［Ctrl + D］を繰り返し押すことで、一致するテキストにカーソルを続けて追加していくことができます。

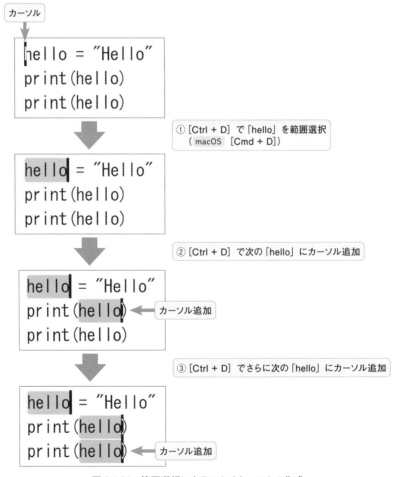

図 3-1-20　範囲選択によるマルチカーソルの作成

　この方法では、マルチカーソルを順番に作成していきます。もし作成したくない項目に該当した場合は、[Ctrl + K] [Ctrl + D]（ macOS [Cmd + K] [Cmd + D]）で図 3-1-21 のようにスキップできます。

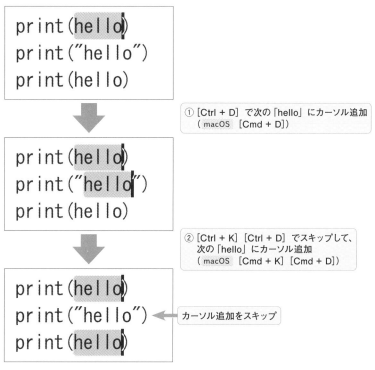

① [Ctrl + D] で次の「hello」にカーソル追加
（ macOS [Cmd + D]）

② [Ctrl + K] [Ctrl + D] でスキップして、
次の「hello」にカーソル追加
（ macOS [Cmd + K] [Cmd + D]）

カーソル追加をスキップ

図 3-1-21　カーソル追加のスキップ

■ マルチカーソルの Undo と解除

　カーソル操作を 1 つ前に戻す（Undo）には、[Ctrl + U]（ macOS [Cmd + U]）を押します。カーソル追加時に Undo を実行すると、直前に追加したカーソルが削除されます（図 3-1-22）。
　マルチカーソル全体を解除する場合は [Esc] を押します。解除するとカーソルが 1 つの状態に戻ります。

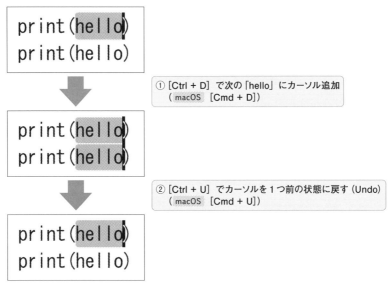

図 3-1-22　カーソルの Undo

■ マルチカーソルの一括作成

　テキストを範囲選択した状態で［Shift + Ctrl + L］（ macOS ［Shift + Cmd + L］）を押すと、一致するすべてのテキストにカーソルが一括追加されます（図 3-1-23）。なお、範囲選択をしていない状態では、カーソル上にあるテキストを対象としてカーソルが一括追加されます。

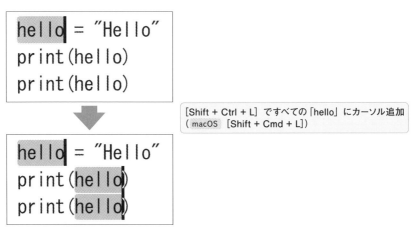

図 3-1-23　カーソルの一括追加

■ 選択行の最後にカーソル追加

　複数行を選択した状態で［Shift + Alt + I］（ macOS ［Shift + Option + I］）を押すと、各行の選択範囲の最後にカーソルが追加されて、マルチカーソルになります（図 3-1-24）。

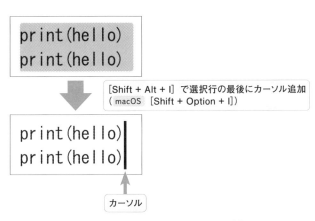

図 3-1-24　選択行の最後にカーソル追加

■ 矩形選択

矩形選択は列単位で選択する方法です。[Shift + Ctrl + Alt + 下キー] または [Shift + Ctrl + Alt + 上キー] を押すと、図 3-1-25 のようにカーソルが追加されます（ Linux [Shift + Ctrl + 下キー] と [Shift + Ctrl + 上キー]、 macOS [Shift + Cmd + Option + 下キー] と [Shift + Cmd + Option + 上キー]）。

この状態で [Shift + 右キー] または [Shift + 左キー] を押すと、カーソルがあるすべての行で選択範囲が広がり、矩形選択になります。また、[Shift + Alt] を押したままマウスで範囲選択すると矩形選択になります（ macOS [Shift + Option]）。

図 3-1-25　矩形選択

■ マルチカーソルでの貼り付け

　複数行をコピーした状態で、コピーした行の数とカーソルの数が一致する場合、貼り付けを行うと、図 3-1-26 のように各カーソルに 1 行ずつ貼り付けられます。数が一致していない場合は、それぞれのカーソルに、コピーしたすべての内容が貼り付けられます。

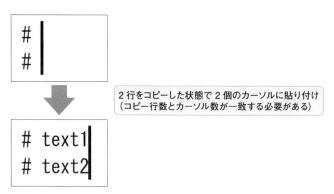

2 行をコピーした状態で 2 個のカーソルに貼り付け
（コピー行数とカーソル数が一致する必要がある）

図 3-1-26　マルチカーソルでの貼り付け

　ここまでの主なマルチカーソルのショートカットキーを表 3-1-6 に示します。

表 3-1-6　マルチカーソルのショートカットキー

操作	Windows / Linux	macOS
クリックでマルチカーソル追加	[Alt + クリック]	[Option + クリック]
次の一致項目をマルチカーソル化	[Ctrl + D]	[Cmd + D]
選択項目のマルチカーソル化をスキップして、次の一致項目をマルチカーソル化	[Ctrl + K] [Ctrl + D]	[Cmd + K] [Cmd + D]
マルチカーソルの Undo	[Ctrl + U]	[Cmd + U]
マルチカーソルの解除	[Esc]	[Esc]
マルチカーソルの一括作成	[Shift + Ctrl + L]	[Shift + Cmd + L]
選択行の最後にマルチカーソル追加	[Shift + Alt + I]	[Shift + Option + I]
上下にマルチカーソル追加（矩形選択）	Windows： [Shift + Ctrl + Alt + 上キー] [Shift + Ctrl + Alt + 下キー] Linux： [Shift + Ctrl + 上キー] [Shift + Ctrl + 下キー]	[Shift + Cmd + Option + 上キー] [Shift + Cmd + Option + 下キー]

3.1.4 | マルチカーソルの操作例

本章では、ここまで、カーソル移動やマルチカーソルの操作方法などについて説明してきました。これらを組み合わせることで、より効率的な操作が可能です。その操作の例をいくつか紹介します。

■ カンマ位置での改行

マルチカーソルの典型的な例です。カンマにカーソルを合わせて［Ctrl + D］（ macOS ［Cmd + D］）を連続して押すと、図 3-1-27 のようにカンマ位置にカーソルを追加できます。追加後に［右キー］でカーソルを移動して［Enter］を押すと、カンマの後で改行されます。

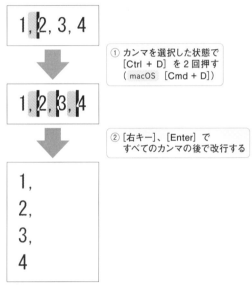

図 3-1-27　カンマ位置での改行

■ 矩形選択とワード単位選択

複数行で同じ操作を実施したいが、行によって文字数が異なる、という場合に有効な方法です。矩形選択とワード単位選択を組み合わせることで選択範囲が広がります。図 3-1-28 では、この組み合わせを使用して、変数名をまとめて代入式に書き換えています。

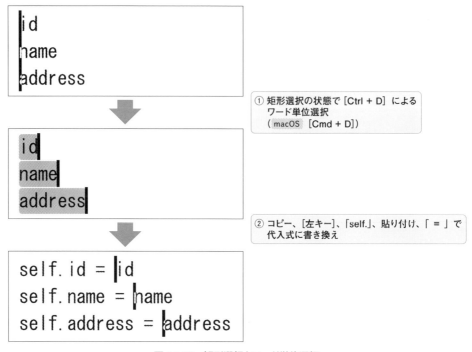

① 矩形選択の状態で［Ctrl + D］による
ワード単位選択
（ macOS ［Cmd + D］）

② コピー、［左キー］、「self.」、貼り付け、「 = 」で
代入式に書き換え

図 3-1-28　矩形選択とワード単位選択

■ 複数単語の大文字化

　マルチカーソルとコマンドパレットも組み合わせることができます。マルチカーソル状態でコマンドパレットの大文字化を実行すると、すべてのカーソル位置の単語が大文字になります。同様に、小文字化や拡張機能「change-case」の変換も可能です。

　なお、変換対象の単語がそれぞれ異なる場合は、図 3-1-29 のように［Alt + クリック］（ macOS ［Option + クリック］）でマルチカーソルを作成できます。ただし、単語の種類が多い場合は、第 4 章で紹介する検索によるマルチカーソル作成方法をお勧めします。

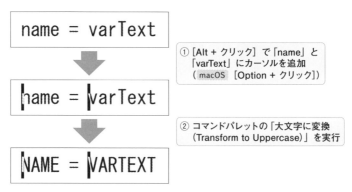

① ［Alt + クリック］で「name」と
「varText」にカーソルを追加
（ macOS ［Option + クリック］）

② コマンドパレットの「大文字に変換
（Transform to Uppercase）」を実行

図 3-1-29　複数単語の大文字化

3.2 ファイルおよびフォルダーの管理

ここでは、ファイルの基本的な操作について説明します。また、フォルダーとワークスペースの関係や、複数のフォルダーをまとめたマルチルートワークスペースについても説明します。

3.2.1 ファイル

エディターの基本操作として、ファイルの新規作成や保存などを紹介します。

■ ファイルの新規作成

［Ctrl + N］（ macOS ［Cmd + N］）を押すと、タブが追加されて新規ファイルが作成されます。新規ファイルの名前は「Untitled-1」といったような仮のものです。この状態では、まだディスクに保存されていません。

デフォルト設定では、使用中のタブの右側にタブを開きます。この動作は設定 ID「workbench.editor.openPositioning」（表 3-2-1）で変更できます。図 3-2-1 のように設定画面、または「settings.json」から設定してください。

表 3-2-1　**新規ファイルのタブ作成位置**

設定 ID	設定値	説明
workbench.editor.openPositioning	right	右側にタブを開く（デフォルト）
	left	左側にタブを開く
	last	エディターグループの右端にタブを開く
	first	エディターグループの左端にタブを開く

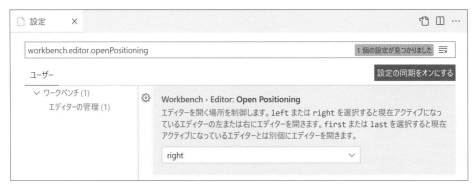

図 3-2-1　設定画面での変更（設定 ID: workbench.editor.openPositioning）

■ ダイアログからファイルを開く

　[Ctrl + O]（ macOS [Cmd + O]）を押すとファイル選択ダイアログが表示されます。このダイアログでファイルを選択すると、そのファイルが開きます。

　なお、エクスプローラー上のファイルを手軽に開く方法としてクイックオープン（[Ctrl + P]、 macOS [Cmd + P]）があります。詳細は「3.2.5 クイックオープン」で説明します。

■ ファイルを保存する

　ファイルの保存ダイアログは、[Shift + Ctrl + S] で開きます。このダイアログで名前を付けて保存できます。なお、上書き保存の場合は [Ctrl + S] です（ macOS それぞれ [Shift + Cmd + S]、[Cmd + S]）。上書き保存は、ファイル名がない場合のみ保存ダイアログが開きます。

　すべてのファイルを保存する場合は、図 3-2-2 に示す「エクスプローラー」サイドバーの「すべて保存」ボタンで保存できます。

図 3-2-2　「エクスプローラー」サイドバーの「すべて保存」

■ ファイルを閉じる

　［Ctrl + W］（ macOS ［Cmd + W］）を押すと、ファイルが閉じます。このときファイルを保存していない場合は確認ダイアログが表示されます。なお、ファイルを閉じた後は、直近で使用していたタブに移動します。この動作は設定ID「workbench.editor.focusRecentEditorAfterClose」（表3-2-2）で変更できます。

　また、タブの右クリックメニューから「すべてを閉じる」、「その他を閉じる」、「右側を閉じる」を実行できます。

表 3-2-2　ファイルを閉じた後の移動先

設定 ID	設定値	説明
workbench.editor.focusRecentEditorAfterClose	true	直近で使用していたタブに移動（デフォルト）
	false	閉じたタブの1つ右のタブに移動

■ エディターをピン留めする

　エディターをピン留めすると、「すべてを閉じる」、「その他を閉じる」、「右側を閉じる」を実行したときでも、そのエディターのタブは閉じなくなります。ピン留めの操作は、タブの右クリックメニューにある「ピン留めする」、「ピン留めを外す」の2つです。

　ピン留めしたタブには、図3-2-3のようにピン留めアイコンが表示されます。このアイコンをクリックしてもピン留めを外せます。「エクスプローラー」サイドバーにも同様のピン留めアイコンが表示されます。なお、ピン留めしたタブのサイズは、設定ID「workbench.editor.pinnedTabSizing」（表3-2-3）で変更できます。

図 3-2-3　ピン留め

表 3-2-3　ピン留めしたタブのサイズ

設定 ID	設定値	説明
workbench.editor.pinnedTabSizing	normal	通常サイズ（デフォルト）
	shrink	小さいサイズ
	compact	アイコンのみ表示

■ 閉じたファイルを再度開く

［Shift + Ctrl + T］（ macOS ［Shift + Cmd + T］）を押すと、直前に閉じたファイルが再度開きます。

■ ファイルを元に戻す

編集したファイルを元に戻す場合は、コマンドパレットで「ファイルを元に戻す（File: Revert File)」を実行します。実行するとファイルが最後に保存したときの状態に戻せます。

■ ファイルパスをコピー

タブの右クリックメニューにある「パスのコピー」、「相対パスのコピー」で、現在開いているファイルの絶対パスと相対パスをコピーできます。

コマンドパレットの「ファイル：アクティブファイルのパスをコピー（File: Copy Path of Active File)」と「ファイル：アクティブファイルの相対パスをコピー（File: Copy Relative Path of Active File)」でも同様に操作できます。

■ エクスプローラーや Finder で表示

現在開いているファイルのフォルダーを Windows のエクスプローラーで開くには、Finder タブの右クリックメニューにある「エクスプローラーで表示する」を実行します。macOS の Finder で開くには、同じくタブの右クリックメニューの「Finder で表示します」を実行します。

ここまでの主なファイル操作のショートカットキーを表 3-2-4 に示します。

表 3-2-4　ファイル操作のショートカットキー

操作	Windows / Linux	macOS
ファイルの新規作成	[Ctrl + N]	[Cmd + N]
ダイアログでファイルを開く	[Ctrl + O]	[Cmd + O]
ファイルの保存ダイアログを開く	[Shift + Ctrl + S]	[Shift + Cmd + S]
ファイルを上書き保存	[Ctrl + S]	[Cmd + S]
ファイルを閉じる	[Ctrl + W]	[Cmd + W]
閉じたファイルを再度開く	[Shift + Ctrl + T]	[Shift + Cmd + T]

3.2.2 | フォルダーとワークスペース

VSCode では、フォルダーを開くことで Visual Studio などのプロジェクトやソリューションのようにフォルダー内のファイルを表示できます。この開いたフォルダーは「ワークスペース」と呼ばれ、「エクスプローラー」サイドバーやソース管理などの対象になります。

■ フォルダーを開く

フォルダーを開くには、「エクスプローラー」サイドバーの「フォルダーを開く」ボタンをクリックし、表示されたダイアログでフォルダーを選択します。メニューの「ファイル」→「フォルダーを開く」でも同様に開くことができます。図 3-2-4 は、フォルダーを開いた状態の「エクスプローラー」サイドバーです。

この状態で「エクスプローラー」サイドバーにフォーカスを合わせた後、「dev」のように文字列を入力すると、部分一致したファイルやフォルダーに移動します。さらに入力文字列にマウスオーバーすると、フィルターのボタンが表示されます。このフィルターのボタンを押すと、部分一致したファイルやフォルダーのみが表示されます。

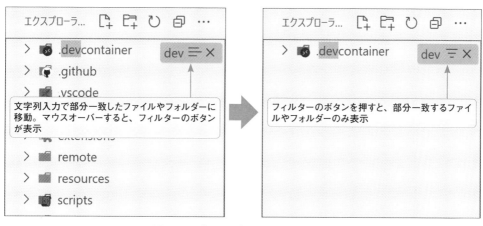

図 3-2-4 「エクスプローラー」サイドバー

■ ワークスペースの設定ファイル

開いたフォルダーは「ワークスペース」として扱われます。VSCode では、このワークスペースごとに設定を変更することが可能です。フォルダーを開いた状態で設定画面を開くと、図 3-2-5 のように「ユーザー」タブと「ワークスペース」タブの 2 つが表示されます。「ユーザー」タブは OS ユーザー単位の設定であり、「ワークスペース」は現在開いているフォルダー（ワークスペース）専用の設定です。

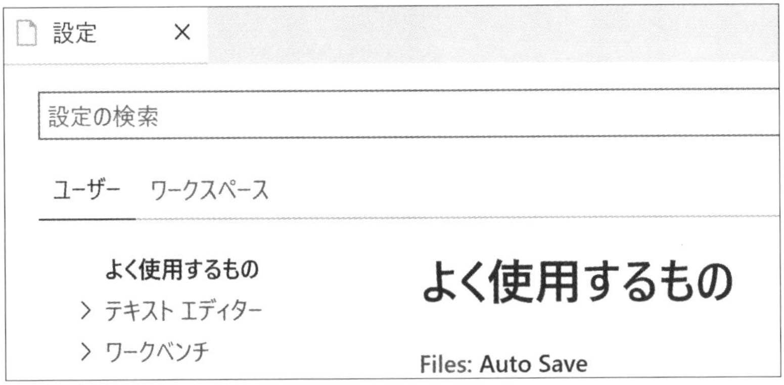

図 3-2-5　設定画面の「ユーザー」タブと「ワークスペース」タブ

　このワークスペースの設定は、開いたフォルダー直下の「.vscode/settings.json」ファイルに保存されます。このようにワークスペースごとの環境は「.vscode」フォルダーを使用します。たとえば、ワークスペース専用のスニペットなどのファイルも「.vscode」フォルダーに格納されます。

■ ワークスペースの推奨設定

　git リポジトリなどを経由して同じファイルを他の PC 環境で使用する場合に、推奨する拡張機能や非推奨の拡張機能を JSON ファイル「.vscode/extensions.json」に設定しておくことができます。このファイルは、コマンドパレット「拡張機能：推奨事項の拡張機能を構成（ワークスペースフォルダー）（Configure Recommended Extensions（Workspace Folder））」で開きます。「.vscode/extensions.json」の内容は、次のように拡張機能 ID を列挙する形式になっています。

```
{
    // 推奨拡張機能
    "recommendations": [
        "ms-azuretools.vscode-docker"
    ],
    // 不要な拡張機能
    "unwantedRecommendations": [
        "ms-vscode-remote.remote-containers"
    ]
}
```

　このファイルがある状況でフォルダーを開くと、図 3-2-6 のようなインストールを推奨するダイアログが画面右下に表示されます。また、「拡張機能」サイドバーでも推奨に載るようになり、詳細画面にも「この拡張機能は、現在のワークスペースのユーザーによって推奨されています」という一文が表示されます。

図 3-2-6　お勧めの拡張機能のインストール

3

3.2.3 | マルチルートワークスペース

　ここまで紹介したワークスペースとフォルダーは1対1の関係でした。ワークスペースは、さらに複数のフォルダーを登録した状態にすることができます。この状態のワークスペースは、複数のフォルダーをルートとして扱うという意味で「マルチルートワークスペース」という名前が付いています。

　マルチルートワークスペースの使用例として、Webの開発においてフロントエンドとバックエンドのコードを同時に編集・確認するケースや、連携する複数のサーバーのコードをまとめて編集・確認するケースなどがあります。

■ フォルダーの追加

　マルチルートワークスペースは、フォルダーを開いた状態でもう1つのフォルダーを追加することで作成できます。フォルダーの追加は、メニューの「ファイル」→「フォルダーをワークスペースに追加」で行います。

　フォルダーを追加すると、図3-2-7のように2つのフォルダーが並んで表示されます。

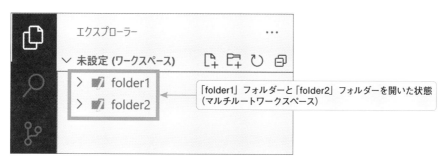

図 3-2-7　マルチルートワークスペース

■ ワークスペースの保存 （.code-workspace）

現在のワークスペース構成をファイルに保存できます。保存するには、メニューから「ファイル」→「名前を付けてワークスペースを保存」を選択します。このワークスペース用ファイルの拡張子は「.code-workspace」になります。

保存したファイルは、メニューから「ファイル」→「ワークスペースを開く」を選択して開けます。ファイルを開くと、保存した時点と同じマルチルートワークスペースの環境が再現されます。

なお、単一フォルダーのワークスペースであれば直下の「.vscode」フォルダーに設定ファイルを保存するため、ワークスペース用ファイルの保存は必要ありません。しかしマルチルートワークスペースの場合は、追加したフォルダーの構成などを記録するため、別途ファイルの保存が必要になります。

■ ワークスペースとフォルダーの設定

マルチルートワークスペースの状態で設定を開くと、タブは、図 3-2-8 のように「ユーザー」タブ、「ワークスペース」タブ、「フォルダー」タブの 3 つになります。「フォルダー」タブは、さらに各フォルダーの設定がプルダウンリストで表示されます。設定の内容は「フォルダー」が最も優先されて、次に「ワークスペース」、最後に「ユーザー」の順番になります。

図 3-2-8　マルチルートワークスペースでの設定

「ワークスペース」タブの設定内容は、ワークスペース用のファイル「.code-workspace」に保存されます。このファイルも JSON 形式であり、「settings.json」で記載していた内容は、次のように「.code-workspace」ファイルの "settings" 項目に記述できます。

```
{
    "folders": [
        {
            "path": "folder1"
        },
        {
            "path": "folder2"
        }
    ],
    "settings": {
        "editor.fontSize": 18
    }
}
```

3.2.4 「エクスプローラー」サイドバー

　ワークスペースを使用すると、「エクスプローラー」サイドバーにそのフォルダーの内容が表示されます。このフォルダーのファイルを開いたり、フォルダー内に新規のファイルを作成したりすることができます。

■ 「エクスプローラー」サイドバーでファイルを開く

　「エクスプローラー」サイドバーからファイルを開くには、ファイル名をダブルクリックします。なお、シングルクリックの場合は、プレビューモードでファイルを開きます。

■ プレビューモード

　プレビューモードは、同じタブを使い回す開き方です。すでにプレビューモードでファイルを開いている場合、別ファイルをプレビューモードで開くと、図3-2-9のように同じタブで開きます。そして、直前にプレビューモードで開いていたファイルを閉じます。この動作により、開くタブの個数を抑えています。

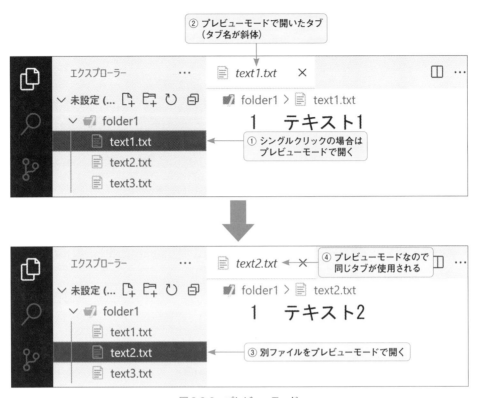

② プレビューモードで開いたタブ
（タブ名が斜体）

① シングルクリックの場合は
プレビューモードで開く

④ プレビューモードなので
同じタブが使用される

③ 別ファイルをプレビューモードで開く

図 3-2-9　プレビューモード

　プレビューモードのタブ名は、斜体フォントで表示されます。［Ctrl ＋ K］［Enter］（ macOS ［Cmd ＋ K］［Enter］）を押すとプレビューモードが解除されて、現状開いているファイル専用のタブになります。なお、対象タブをダブルクリックするか、ファイル編集を開始することでも、同様にプレビューモードが解除されます。

　常にプレビューモードなしで開きたい場合は、設定 ID「workbench.editor.enablePreview」（表3-2-5）を false にしてください。

表 3-2-5　プレビューモード

設定 ID	設定値	説明
workbench.editor.enablePreview	true	プレビューモードで開く（デフォルト）
	false	プレビューモードで開かない

■「エクスプローラー」サイドバーでのファイルおよびフォルダーの作成

　空のフォルダーを開くと、「エクスプローラー」サイドバーが図3-2-10のような状態になっています。この状態で「新しいファイル」ボタンをクリックすると、新規ファイル名を入力するテキストボックスが表示されます。このテキストボックスに名前を入力して［Enter］を押すと、新規ファイルが作成されます。

　右クリックメニューの「新しいファイル」でも同様に作成できます。フォルダーの場合も「新しいフォルダー」ボタンまたは右クリックメニューの「新しいフォルダー」で作成できます。

図 3-2-10　「エクスプローラー」サイドバーでのファイル作成

■「エクスプローラー」サイドバーのキー操作

　「エクスプローラー」サイドバーに移動する場合は、［Shift + Ctrl + E］を押します。また、［Ctrl + K］［E］を押すと、「開かれているエディター」に移動します（ macOS それぞれ［Shift + Cmd + E］、［Cmd + K］［E］）。

　エクスプローラー上では、［右キー］を押すとフォルダーのツリーが展開し、［左キー］を押すと閉じます。また、ファイル上で［F2］（ macOS ［Enter］）を押すと、ファイル名を変更できます。

3.2.5 | クイックオープン

　クイックオープンは、ワークスペース内のファイルを開く機能です。この機能を使用すると、キーボードからのファイル操作が容易になります。

■クイックオープンでファイルを開く、移動する

　［Ctrl + P］（ macOS ［Cmd + P］）を押すと、図3-2-11のようにクイックオープンが開きます。初めは「最近使用したもの」のみが表示されていますが、この状態からファイル名の一部を入力すると、ワークスペース（フォルダー）内のファイルを絞り込んで表示します。

　ファイルを選択して［Enter］を押すと、そのファイルが開きます。なお、すでに対象ファイルを開いているタブがある場合は、そのタブに移動します。

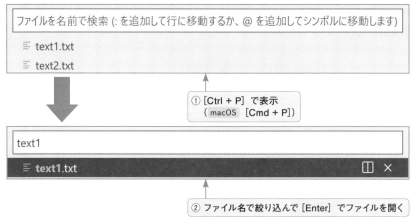

図 3-2-11　クイックオープン

■ クイックオープンで横に開く、または連続して開く

　クイックオープンのファイルを選択した状態で［Ctrl + Enter］（ macOS ［Cmd + Enter］）を押すと、右側にエディターを追加してファイルを開きます。これは、クイックオープンのファイル名の右端にある「横に開く」ボタンでも同様です。

　また、ファイルを選択した状態で［右キー］を押すと、図 3-2-12 のように背後でファイルが開きます。このときクイックオープンは開いたままの状態になるので、連続してファイルを複数のタブで開くことができます。

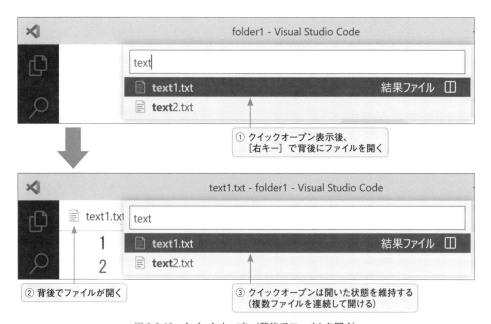

図 3-2-12　クイックオープン（背後でファイルを開く）

■ コマンドのヘルプを表示する

　クイックオープンは、コマンドパレットによく似た表示をしています。実際、この2つは共通した仕組みです。クイックオープンを開いた後、先頭に「>」を入力するとコマンドパレットになります。

　その他にも、この入力表示を使用したコマンドが存在します。コマンド一覧は、クイックオープンの先頭に「?」を入力すると図3-2-13のように表示されます。

図 3-2-13　クイックオープンによるコマンド一覧（「?」を先頭に入力）

■ 最近開いたファイルを開く

　最近開いた項目一覧は［Ctrl + R］を押すことで表示されます。この一覧にはファイルだけでなくワークスペースも含まれています。

　ワークスペースを選択した場合、［Enter］を押すと、そのワークスペースが同じウィンドウで開きます。また、［Ctrl + Enter］（ macOS ［Cmd + Enter］）を押すと、別ウィンドウでワークスペースが開きます。

■ サイドバーとパネルの一覧を開く

　Windows や macOS の場合、サイドバーとパネルの一覧は、[Ctrl + Q] を押すと図 3-2-14 のように表示されます。[Ctrl] を押し続けて [Q] を入力すると、次の項目に移動できます。また、該当項目で [Ctrl] を離すと選択中のサイドバーやパネルが開きます。

　クイックオープンで「view」の後に半角スペースを入力しても同様の一覧を表示できます。なお、この場合は、上下キーで選択して [Enter] でサイドバーやパネルを開きます。

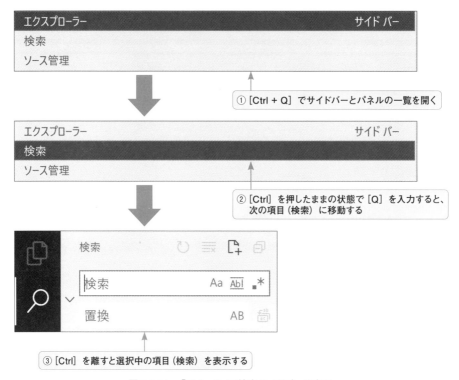

図 3-2-14　「Ctrl + Q」で検索サイドバーを表示

　ここまでのクイックオープンのショートカットキーを表 3-2-6 に示します。

表 3-2-6　クイックオープンのショートカットキー

操作	Windows / Linux	macOS
クイックオープンの開始	[Ctrl + P]	[Cmd + P]
クイックオープンで横に開く	[Ctrl + Enter]	[Cmd + Enter]
クイックオープンで背後に開く	[右キー]	[右キー]
最近開いたファイルを開く	[Ctrl + R]	[Ctrl + R]
サイドバーとパネルの一覧を開く	Windows：[Ctrl + Q]	[Ctrl + Q]

3.3 エディターグループ、エディター、タブ

VSCode のメイン画面（サイドバーやパネルなどを除いた箇所）は、エディターグループの集合で構成されています。最初に起動したときのエディターグループは1つのみですが、プレビュー表示などで画面を分割するとエディターグループが複数ある状態になります。

エディターグループ内には複数のエディターを格納しており、これらのエディターの表示はタブによって切り替えることができます。

3.3.1 エディターグループ

ここでは、画面分割によるエディターグループの作成や移動について説明します。

■ 分割でエディターグループを作成する

画面右上の「エディターを右に分割」ボタンをクリックするか［Ctrl + ¥］（ macOS ［Cmd + Ctrl + Option + ¥]）を押すと、図 3-3-1 のように、右側に新しいエディターグループが作成されます。下に分割したい場合は、「エディターを右に分割」ボタンを［Alt + クリック］するか、［Ctrl + K］［Ctrl + ¥］を押します（ macOS それぞれ［Option + クリック］、［Cmd + K］［Cmd + Ctrl + Option + ¥]）。

図 3-3-1 　分割でエディターグループを作成

■ エディターレイアウトでエディターグループを作成する

メニューのエディターレイアウトを使用すると、配置が固定されたエディターグループを素早く作成できます。メニューから「表示」→「エディターレイアウト」を選択し、「2 列」や「グリッド（2x2）」など、さまざまなレイアウトを選べます。

■ マウスでエディターグループを作成する

マウスでタブをドラッグ＆ドロップすることでも、新しいエディターグループを作成できます。タブをドラッグして画面エディター内の右側にカーソルを持っていき、図 3-3-2 のような状態でドロップするとエディターグループが作成されます。なお、ドロップする箇所は右だけでなく左や上下でも構いません。

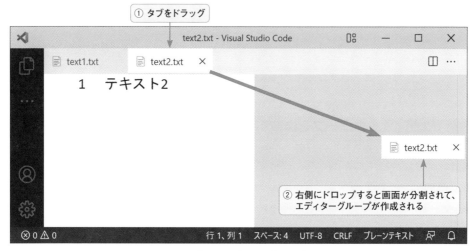

図 3-3-2　マウスでエディターグループを作成

■ エディターグループを番号で移動する

エディターグループをショートカットキーで移動するには、いくつか方法があります。エディターグループにはそれぞれ番号があり、［Ctrl + 1］から［Ctrl + 8］までを使用して固定的に移動できます（ macOS ［Cmd + 1］から［Cmd + 8］まで）。なお、番号は図 3-3-3 のように左から右、上から下へ順番に振られています。

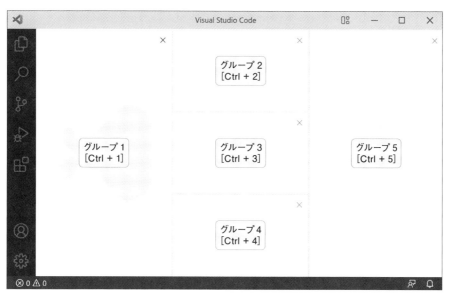

図 3-3-3　エディターグループを番号で移動

■ エディターグループを相対的に移動する

画面の上下左右を基準として右に移動したい場合は、［Ctrl + K］［Ctrl + 右キー］を押します。また、左への移動は［Ctrl + K］［Ctrl + 左キー］、上への移動は［Ctrl + K］［Ctrl + 上キー］、下への移動は［Ctrl + K］［Ctrl + 下キー］になります（ macOS それぞれ［Cmd + K］［Cmd + 矢印キー］）。

■ エディターグループを 1 つにまとめる

複数のエディターグループを 1 つにまとめたい場合は、コマンドパレットの「View: すべてのエディターグループを結合（View: Join All Editor Groups）」を実行します。

3.3.2 ┃ エディターとタブ

VSCode 内でのエディターとは、ファイルを開いて編集を行う場所のことです。このエディターの切り替えは上部にあるタブを使用して行います。

■ 番号でタブを移動する

操作対象のエディターは番号を指定して固定的に移動できます。たとえば一番左側のタブに移動したい場合は、［Alt + 1］を押します（図 3-3-4）。キーは左から順番に［Alt + 9］まで割り当てられており、この操作はエディターグループ内のみで有効です。

macOS の場合は［Ctrl + 1］から［Ctrl + 9］までですが、［Ctrl + 1］は OS 標準のショートカットキーに割り当てられているため、OS 側の設定を変更する必要があります。

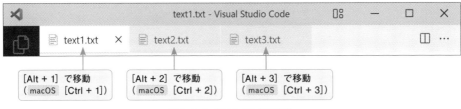

図 3-3-4　番号でタブを移動

■ 相対的にタブを移動する

操作対象のエディターを 1 つ右のタブに移動したい場合は、図 3-3-5 のように［Ctrl + PageDown］を押します。左に移動したい場合は［Ctrl + PageUp］です。この操作による移動はエディターグループをまたいで行われます（ macOS それぞれ［Cmd + Option + 右キー］、［Cmd + Option + 左キー］）。

図 3-3-5　相対的にタブを移動する

■ エディターの一覧から移動する

開かれたエディターの一覧は［Ctrl + K］［Ctrl + P］（ macOS ［Cmd + Option + Tab］）で図 3-3-6 のように表示できます。表示された項目を選択すると、そのエディターに移動します。

クイックオープンで「edt」の後に半角スペースを入力しても同様に一覧を表示できます。

図 3-3-6　エディターの一覧から移動

3.3.3 | エディター内での折りたたみ

エディター内のテキストは、プログラムの関数やMarkdownの見出し位置などで折りたたむことができます。折りたたんだ状態では子の要素が表示されなくなるため、全体の概要が見やすくなります。

■ マウスでの折りたたみ

エディター上で行番号のすぐ右側にカーソルを合わせると、折りたたみのトグル「∨」が図3-3-7のように表示されます。このトグルをクリックすると該当部分が折りたたまれて、子の要素が表示されなくなります。このときトグルは「＞」になります。この状態のトグルをクリックすると、折りたたんだ内容が再表示されます。

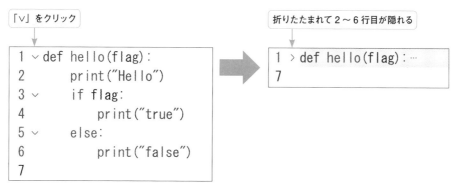

図3-3-7 クリックで折りたたみ

折りたたんだトグル「＞」を［Shift + クリック］すると、図3-3-8のように子の要素まで含めてすべて展開されます。また、開いているトグル「∨」を［Shift + クリック］すると、子の要素のトグルがすべて折りたたまれます。

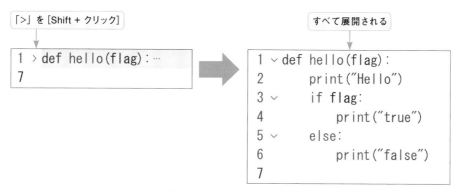

図3-3-8 「Shift + クリック」による折りたたみ展開

■ キーボードによる折りたたみと展開

カーソル位置を折りたたむには Shift + Ctrl + [を押します。また、折りたたみ箇所を展開する場合は Shift + Ctrl +] を押します（ macOS それぞれ Cmd + Option + [、Cmd + Option +]）。

■ エディター内をすべて折りたたむ、またはすべて展開する

エディター内の折りたたみ箇所をすべて折りたたむには [Ctrl + K] [Ctrl + 0] を押します。また、すべて展開するには [Ctrl + K] [Ctrl + J] を押します（ macOS それぞれ [Cmd + K] [Cmd + 0]、[Cmd + K] [Cmd + J]）。

ここまでのエディターおよびエディターグループのショートカットキーを表 3-3-1 に示します。

表 3-3-1　エディターおよびエディターグループのショートカットキー

操作	Windows / Linux	macOS
エディターを右に分割	[Ctrl + ¥]	[Cmd + Ctrl + Option + ¥]
エディターを下に分割	[Ctrl + K] [Ctrl + ¥]	[Cmd + K] [Cmd + Ctrl + Option + ¥]
エディターグループの移動	[Ctrl + 1] ～ [Ctrl + 8]	[Cmd + 1] ～ [Cmd + 8]
エディターグループの上下左右移動	[Ctrl + K] [Ctrl + 上キー] [Ctrl + K] [Ctrl + 下キー] [Ctrl + K] [Ctrl + 左キー] [Ctrl + K] [Ctrl + 右キー]	[Cmd + K] [Cmd + 上キー] [Cmd + K] [Cmd + 下キー] [Cmd + K] [Cmd + 左キー] [Cmd + K] [Cmd + 右キー]
タブの移動	[Alt + 1] ～ [Alt + 9]	[Ctrl + 1] ～ [Ctrl + 9]
タブの左右移動	[Ctrl + PageUp] [Ctrl + PageDown]	[Cmd + Option + 左キー] [Cmd + Option + 右キー]
エディターの一覧から移動	[Ctrl + K] [Ctrl + P]	[Cmd + Option + Tab]
折りたたみ	Shift + Ctrl + [	Cmd + Option + [
折りたたみ展開	Shift + Ctrl +]	Cmd + Option +]
すべて折りたたみ	[Ctrl + K] [Ctrl + 0]	[Cmd + K] [Cmd + 0]
すべて折りたたみ展開	[Ctrl + K] [Ctrl + J]	[Cmd + K] [Cmd + J]

3.4 | ターミナル

VSCode には、PowerShell や bash などの対話型シェルを実行できるターミナルが付属しています。Python などのスクリプト実行は、このターミナル上で行われます。

3.4.1 | ターミナルの起動

ターミナルは、図3-4-1 のように［Ctrl + @］で表示／非表示を切り替えることができます。エディター上で［Ctrl + @］を押したとき、ターミナルが存在しない場合は新規ターミナルを作成して移動します。すでに存在する場合は、既存のターミナルに移動します。ターミナル上で［Ctrl + @］を押すと、ターミナルが非表示になってエディターに戻ります（ macOS ［Shift + Ctrl + @］）。

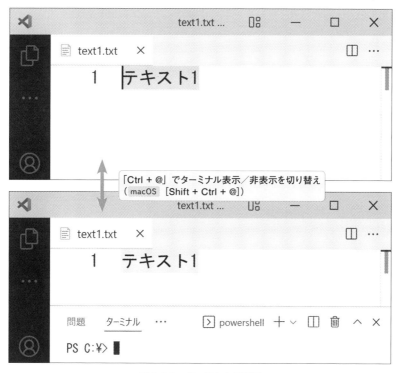

図 3-4-1　ターミナルの表示

　1 つのターミナルには 1 つのシェルが指定されます。Windows ならば PowerShell、macOS と Linux ならば bash がデフォルトの設定です。この設定を変更するには、コマンドパレット「ターミナル：既定のプロファイルの選択（Terminal: Select Default Profile）」を実行します。たとえば Windows の場合はコマンドプロンプトなどに変更できます。

3.4.2 ターミナル上での操作

VSCode のターミナルは、エディターと組み合わせて操作できます。

■ ターミナルの追加、削除

　複数のターミナルを使用したい場合は、画面右上の「+」ボタンをクリックまたは［Shift + Ctrl + @］（ macOS ［Shift + Ctrl + ^］）を押してターミナルを追加します。一方、不要になったターミナルは、exit コマンドなどでターミナルを終了するか、ごみ箱ボタンをクリックすることで削除できます。

■ ターミナルの分割

　「ターミナルの分割」ボタンをクリックすると、図 3-4-2 のように分割できます。分割したターミナルは［Alt + 右キー］と［Alt + 左キー］で移動できます（ macOS ［Cmd + Option + 右キー］、［Cmd + Option + 左キー］）。

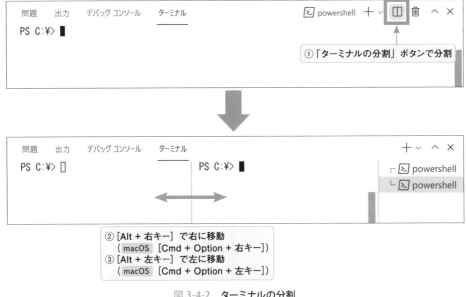

図 3-4-2　ターミナルの分割

■ ターミナル上での右クリック

　ターミナル上での右クリックは OS ごとにデフォルトの動作が異なります。Windows の場合、テキストを範囲選択していない場合は「貼り付け」を行います。テキストを選択している場合は「コピー」を行います。また、[Shift + 右クリック] により右クリックメニューが表示されます。macOS の場合、カーソル上のワードを範囲選択後にメニューを表示します。Linux の場合、常に右クリックメニューを表示します。この動作は設定 ID「terminal.integrated.rightClickBehavior」（表 3-4-1）で変更できます。

表 3-4-1　ターミナル上での右クリック

設定 ID	設定値	説明
terminal.integrated.rightClickBehavior	copyPaste	テキスト未選択時：貼り付け テキスト選択時：コピー （Windows のデフォルト）
	paste	貼り付け
	default	右クリックメニュー表示 （Linux のデフォルト）
	selectWord	カーソル上のワードを範囲選択後にメニューを表示 （macOS のデフォルト）

■ ファイルのドラッグ & ドロップ

　ターミナルに対してファイルをドラッグ & ドロップすると、ファイルの絶対パスが入力されます。ドラッグする対象としては、Windows のエクスプローラーや macOS の Finder、VSCode のタブや「エクスプローラー」サイドバーのファイルなどが使用できます。

■ 範囲選択テキストをターミナルで実行

　エディターで範囲選択中のテキストをターミナルで実行できます。まず、実行したいテキストを範囲選択します。次に、コマンドパレットで「ターミナル：アクティブなターミナルで選択したテキストを実行（Terminal: Run Selected Text in Active Terminal）」を実行すると、ターミナルでテキストの内容が実行されます。

　この機能を活用すれば、README などに記載されているコマンドの実行や、長めのコマンドをエディターで編集した後に実行することが容易になります。

■ 前のコマンドまでを選択

　コマンドパレットで「ターミナル：前のコマンドを選択（Terminal: Select to Previous Command）」を実行すると、1 つ前のコマンドまで選択されます。

■ 外部ターミナルを開く

　VSCode 上のターミナルではなく従来の外部ターミナルを開きたい場合は、[Shift + Ctrl + C]（ macOS [Shift + Cmd + C]）を押します。起動する外部ターミナルのデフォルト設定は、Windows が「コマンドプロンプト」、macOS が「Terminal.app」、Linux が「xterm」です。これらは、それぞれ設定 ID「terminal.external.windowsExec」、「terminal.external.osxExec」、「terminal.external.linuxExec」で OS ごとに変更できます（表 3-4-2）。

表 3-4-2　外部ターミナル

設定 ID	設定値	説明
terminal.external.windowsExec	実行プログラムのファイルパス	Windows の外部ターミナル（デフォルトはコマンドプロンプト）
terminal.external.osxExec	実行プログラムのファイルパス	macOS の外部ターミナル（デフォルトは Terminal.app）
terminal.external.linuxExec	実行プログラムのファイルパス	Linux の外部ターミナル（デフォルトは xterm）

■ エディター領域でターミナルを開く

　ターミナルは、エディターと同じ領域にも開くことができます。図 3-4-3 のようにターミナル名をドラッグ & ドロップでエディターに移動します。移動するとエディター領域にターミナルが表示されます。

　コマンドパレット「ターミナル：エディター領域でターミナルを作成（Terminal: Create Terminal in Editor Area）」の実行でも同様に作成されます。

　ここまでのターミナルに関係するショートカットキーを表 3-4-3 に示します。

表 3-4-3　ターミナルのショートカットキー

操作	Windows / Linux	macOS
ターミナルの表示／非表示の切り替え	[Ctrl + @]	[Shift + Ctrl + @]
ターミナルの追加	[Shift + Ctrl + @]	[Shift + Ctrl + ^]
分割したターミナルの右移動	[Alt + 右キー]	[Cmd + Option + 右キー]
分割したターミナルの左移動	[Alt + 左キー]	[Cmd + Option + 左キー]
外部ターミナルを開く	[Shift + Ctrl + C]	[Shift + Cmd + C]

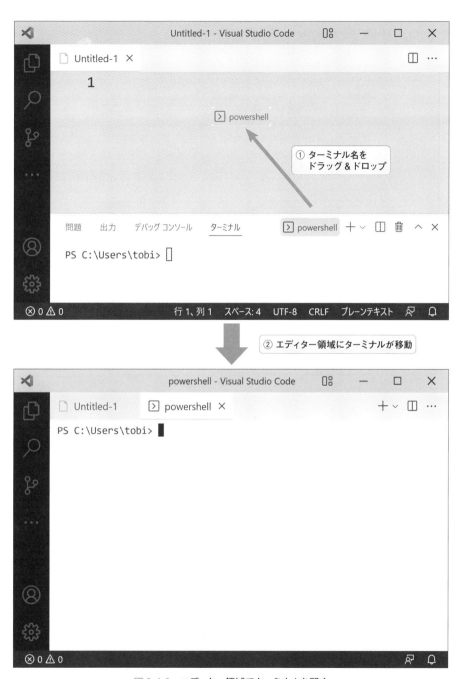

図 3-4-3　エディター領域でターミナルを開く

Column	Windows Terminal

　「Windows Terminal」は、Windows 用の新しいターミナルアプリケーションです。コマンドプロンプトが提供していた従来の GUI と比べると、タブ管理や画面分割などが可能で、より使いやすくなっています。また、VSCode と同じようにコマンドパレットも使用できます。

　Windows Terminal は Microsoft Store(https://aka.ms/terminal) からインストールできます。インストール後に起動すると、初期設定では PowerShell で開始されます。設定の変更によって PowerShell の他にもコマンドプロンプトや WSL などを使用でき、VSCode のターミナルと比べても機能が豊富です。コマンドラインを中心に作業することが多い場合は Windows Terminal を試してみてください。

第4章

ツールの活用

本章では、検索・置換や差分表示など、より高度な編集ツールの機能について説明します。また、Git によるバージョン管理や GitHub との連携方法も紹介します。

4.1 検索と置換

　文章から文字列を検索するのはエディターが得意とする機能です。また、文字列の置換機能は、工夫次第で編集の手間を大きく削減できます。

4.1.1 ファイル内の検索

　ファイル内の文字列を検索するには、画面右上に表示される検索ボックスを使用します。検索ボックスは、［Ctrl + F］（ macOS ［Cmd + F］）で開きます。この検索ボックスに文字列を入力すると、検索を開始して図 4-1-1 のように直近の該当箇所に移動します。

図 4-1-1　ファイル内の検索

■ 次の検索項目・前の検索項目に移動

　検索ボックス上で［F3］または［Enter］を押すと、図 4-1-2 のように次の検索項目に進みます。前の項目に戻る場合は、［Shift + F3］または［Shift + Enter］を押します。

　検索するとエディター上にフォーカスが移動しますが、この状態でも［F3］と［Shift + F3］を使用できます。また、検索ボックスが閉じた後でも、［F3］を押すと、図 4-1-3 のように前回の検索内容で検索を再開します。

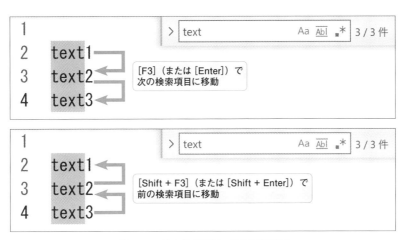

図 4-1-2 次の検索項目・前の検索項目

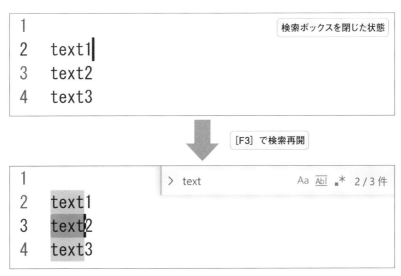

図 4-1-3 検索の再開

■ カーソル上のテキストを検索ボックスに入力

デフォルト設定では、カーソル上にテキストがある状態で［Ctrl + F］（ macOS ［Cmd + F］）を押すと、そのテキスト内容が検索ボックスに入力されます。これにより検索テキストの入力を省略できます。

しかし、この機能が有効になっていると、検索ボックスにある前回入力したテキストが上書きされて削除されてしまいます。この機能をオフにしたい場合は、設定 ID「editor.find.seedSearch StringFromSelection」（表 4-1-1）を「never」に設定します。

　機能をオフにした後でも［Ctrl + F3］（ macOS ［Cmd + F3］）は、カーソル上のテキストを使用して検索します。使い分けをしたい場合は機能をオフにして、この［Ctrl + F3］を使用することをお勧めします。

表 4-1-1　カーソル上のテキストを検索ボックスに入力

設定 ID	設定値	説明
editor.find.seedSearchStringFromSelection	always	［Ctrl + F］でカーソル上のテキストを検索ボックスに入力する（デフォルト）
	never	［Ctrl + F］を押しても、カーソル上のテキストは検索ボックスに入力されない
	selection	［Ctrl + F］で範囲選択中のみ、カーソル上のテキストを検索ボックスに入力する

■ 検索ボックス入力中におけるカーソル移動（インクリメンタルサーチ）

　デフォルト設定では、検索ボックスへの入力中でも、一致した文字列の箇所にカーソルが移動します。このような入力中の移動は、他のエディターなどでインクリメンタルサーチと呼ばれている機能です。

　この機能をオフにするには、設定 ID「editor.find.cursorMoveOnType」（表 4-1-2）を false に設定します。オフにした場合は、検索ボックスで［Enter］を押したときに検索を開始して、カーソルを移動します。

表 4-1-2　検索ボックス入力中におけるカーソル移動

設定 ID	設定値	説明
editor.find.cursorMoveOnType	true	入力中にカーソル移動する（デフォルト）
	false	入力中にカーソル移動しない（［Enter］で検索開始）

■ 選択範囲の検索

　ファイル内の検索は、デフォルトではファイル全体が検索対象となります。特定の範囲を検索したい場合は、図 4-1-4 のように範囲を選択して［Ctrl + F］（ macOS ［Cmd + F］）で検索ボックスを表示します。そして、「選択範囲を検索」ボタンをクリックしてオンにします。これにより、選択範囲外のテキストは検索の対象外になります。

　デフォルト設定では、検索するたびに「選択範囲を検索」がオフになります。この動作は、設定 ID「editor.find.autoFindInSelection」（表 4-1-3）で変更できます。

図 4-1-4 選択範囲の検索

表 4-1-3 選択範囲の検索

設定 ID	設定値	説明
editor.find.autoFindInSelection	never	検索開始時の「選択範囲を検索」が常にオフ（デフォルト）
	always	検索開始時の「選択範囲を検索」が常にオン
	multiline	複数行選択時：検索開始時の「選択範囲を検索」がオン 単一行選択時：検索開始時の「選択範囲を検索」がオフ

■ 検索によるマルチカーソル作成

検索ボックスに文字列を入力した状態で［Alt + Enter］（ macOS ［Option + Enter]）を押すと、図 4-1-5 のように、ファイル内で検索が一致したすべての項目にマルチカーソルが作成されます。このマルチカーソルは、第 3 章で紹介したマルチカーソルと同様に操作できます。

「選択範囲を検索」が有効な場合は、選択範囲内で一致する項目にのみマルチカーソルを作成します。関数内など一定の範囲でマルチカーソルを作成したい場合は、この方法をお勧めします。

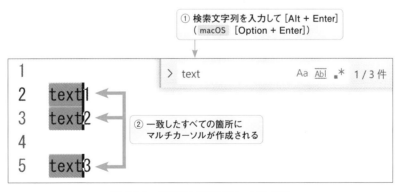

図 4-1-5 検索によるマルチカーソル作成

■ 大文字と小文字の区別

　検索ボックスの「大文字と小文字を区別する」が無効な状態だと、アルファベットの大文字と小文字を区別せずに検索します。区別して検索したい場合は「大文字と小文字を区別する」をクリックして有効にしてください。

図 4-1-6　**大文字と小文字の区別**

■ 単語単位の検索

　検索ボックスの「単語単位で検索する」が有効な状態だと、図 4-1-7 のように検索文字列が単語の一部にヒットしません。たとえば、「t」で検索したときに「text」の「t」にはヒットしなくなります。この機能は、短い名前の変数などを検索するときに便利です。

図 4-1-7　**単語単位の検索**

　ここまでの主な検索のショートカットキーを表 4-1-4 に示します。

表 4-1-4　**検索のショートカットキー**

操作	Windows / Linux	macOS
検索ボックスを開く	[Ctrl + F]	[Cmd + F]
次の検索項目に移動	[F3] または [Enter]	[F3] または [Enter]
前の検索項目に移動	[Shift + F3] または [Shift + Enter]	[Shift + F3] または [Shift + Enter]
カーソル上のテキストを検索ボックスに入力	[Ctrl + F3]	[Cmd + F3]
検索によるマルチカーソルの作成 （検索ボックスで実行）	[Alt + Enter]	[Option + Enter]

4.1.2 ファイル内の置換

　検索した文字列は、別の文字列に置換できます。図 4-1-8 のように検索ボックス左側の「置換モードの切り替え」をクリックするか [Ctrl + H]（ macOS [Cmd + Option + F]）を押すと、置換後のテキストを入力するボックスが表示されます。この置換ボックスに文字列を入力し、右側の「置換」ボタンをクリックもしくは [Enter] を押すと、置換が実行されます。

図 4-1-8　ファイル内の置換

■ 次の検索項目を置換

置換ボックスが表示されている状態でエディターにフォーカスがある場合、図 4-1-9 のように [Shift + Ctrl + 1] で次の項目を検索し、もう一度 [Shift + Ctrl + 1] を押すと置換します（ macOS 両方とも [Shift + Cmd + 1]）。

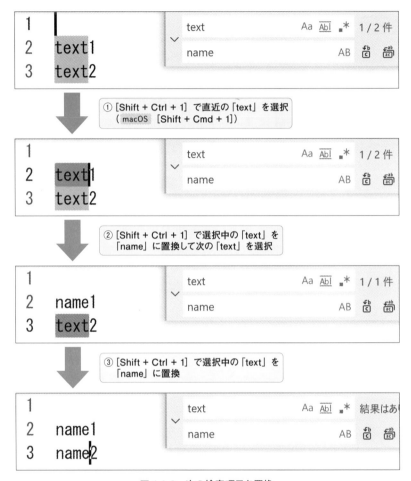

図 4-1-9　次の検索項目を置換

■ 大文字／小文字を保持して置換する

図 4-1-10 のように、置換ボックスにある「保持する」を有効にした場合は、大文字と小文字の関係を保持した状態で置換します。たとえば検索ボックスに「text」、置換ボックスに「name」をそれぞれ指定して実行すると、エディター内にある先頭が大文字の「Text」は、先頭が大文字の「Name」に置換されます。

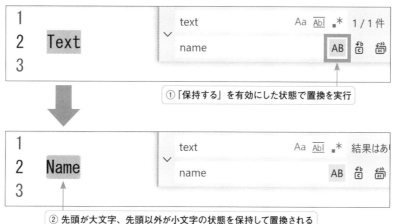

図 4-1-10　大文字／小文字を保持して置換する

■ ファイル内／選択範囲内の文字列をすべて置換

　ファイル内の文字列をすべて置換したい場合は、図 4-1-11 のように置換ボックス右側の「すべて置換」ボタンをクリックします。

　「選択範囲を検索」を有効にした状態で「すべて置換」を実行すると、選択範囲内の文字列のみをすべて置換します。なお、このとき検索ボックス右側にある件数を確認しておくことをお勧めします。大体の件数が想定と合っていることを確認すれば、間違えて置換してしまうのを避けることができます。

図 4-1-11　ファイル内の文字列をすべて置換

　ここまでの主な置換のショートカットキーを表 4-1-5 に示します。

表 4-1-5　**置換のショートカットキー**

表 4-1-5　**置換のショートカットキー**

操作	Windows / Linux	macOS
置換モードの切り替え	[Ctrl + H]	[Cmd + Option + F]
次の検索項目を置換	[Shift + Ctrl + 1]	[Shift + Cmd + 1]

4.1.3 | 正規表現による検索・置換

　検索に正規表現を使用することで、より複雑な文字列を探すことができます。また、正規表現の後方参照を使用すると置換後の文字列の表現力が増します。

■ 正規表現による検索

　正規表現は、文字列のパターンを記号などで表現できます。たとえば正規表現で「A*」と記述した場合は、「A が 0 回以上」を表していて「A」や「AAAA」などにマッチします。これらを組み合わせることにより、さまざまな条件で検索を実行できます。

　検索で正規表現を使用する場合は、検索ボックス右側の「正規表現を使用する」をクリックするか、[Alt + R]（ macOS [Option + R]）を押してください。検索ボックスで使用できる正規表現は表 4-1-6 のとおりです。

　また、「¥」（ macOS Linux バックスラッシュ）がエスケープ文字になっています。たとえば正規表現で「*」を検索したい場合は、「¥*」と記述します。「¥」は定義済み表現でも使用されており、表 4-1-7 に示す特殊な扱いの文字を表現できます。

表 4-1-6　**正規表現**

正規表現	説明	正規表現の例	マッチする文字列
*	直前の表現を 0 回以上繰り返す	A*	（空文字列） A AA
+	直前の表現を 1 回以上繰り返す	A+	A AA
{n}	直前の表現を n 回繰り返す	A{2}	AA
{n,}	直前の表現を n 回以上繰り返す	A{2,}	AA AAA AAAA
{n,m}	直前の表現を n 回以上 m 回以下繰り返す	A{2,4}	AA AAA AAAA
?	直前の表現が存在しない、もしくは 1 個存在する	A?	（空文字列） A
. (ドット)	任意の 1 文字	.	記号を含む文字すべて
*?	* の最短一致表現。同様に +?、{n,}?、{n,m}? も最短一致になる	A.*?B	ABB のうち AB のみにマッチする。通常（最長一致）の場合は ABB にマッチする

`|`	OR 条件を表す	`A|B`	A B
`^`	行頭	`^AB`	行頭の AB
`$`	行末	`AB$`	行末の AB
`[ 文字列 ]`	文字列内にある文字のいずれかにマッチする	`[ABC]`	A B C
`[ 文字1- 文字2]`	文字 1 から文字 2 の間の文字にマッチする	`[0-9]`	0 から 9 までの文字
`[^ 文字列 ]`	文字列内にある文字以外のいずれかにマッチする	`[^ABC]`	A、B、C 以外の文字すべて
`(R1)`	括弧内の正規表現 R1 をグループ化する。マッチした内容は後方参照として ¥1 や $ で使用可能	`(AB)+`	AB ABAB ABABAB
`(:?R1)`	括弧内の正規表現 R1 をグループ化する。この方法でマッチした内容は後方参照として使用しない	`(:?AB)+`	AB ABAB ABABAB
`R1(?=R2)`	先読み。正規表現 R1 の後に正規表現 R2 が続いた場合に、R1 にのみマッチする	`AB(?=CD)`	ABCD のとき、AB のみにマッチする
`R1(?!R2)`	否定先読み。正規表現 R1 の後に正規表現 R2 が続かない場合に、R1 にのみマッチする	`AB(?!CD)`	ABCD 以外の AB にマッチする
`(?<=R1)R2`	後読み。正規表現 R1 の後に正規表現 R2 が続いた場合に、R2 にのみマッチする	`(?<=AB)CD`	ABCD のとき、CD のみにマッチする
`(?<!R1)R2`	否定後読み。正規表現 R2 の前に正規表現 R1 が存在しない場合に、R2 にのみマッチする	`(?<!AB)CD`	ABCD 以外の CD にマッチする

表 4-1-7　**定義済み表現**

定義済み表現	説明
`¥d`	0 から 9 までの文字にマッチする。 [0-9] と同様。
`¥D`	0 から 9 以外の文字にマッチする。 [^0-9] と同様。
`¥w`	アルファベット、数字、アンダーバーの文字にマッチする。 [A-Za-z0-9_] と同様。
`¥W`	アルファベット、数字、アンダーバー以外の文字にマッチする。 [^A-Za-z0-9_] と同様。
`¥s`	スペース、タブ文字、改行などのホワイトスペース文字にマッチする。
`¥S`	スペース、タブ文字、改行などのホワイトスペース文字以外にマッチする。
`¥t`	タブ文字にマッチする。
`¥n`	改行にマッチする。 $ との違いは、置換時に改行を置き換えること（$ は置き換えない）。
`¥xhh`	文字コードで検索する（hh は 16 進数の文字コード）。
`¥uhhhh`	Unicode で検索する（hhhh は 16 進数の Unicode コードポイント）。
`¥1 ～ ¥9`	検索ボックスで使用できる後方参照。 ¥ の後の数値は、後方参照する番号を表す。この番号はグループ化した左側から採番される。 （置換ボックスで後方参照を使用する場合は $1 ～ $9）

■ 置換時の後方参照

　後方参照とは、検索で一致した箇所を後から参照する方法です。正規表現の括弧でグループ化した最初の箇所は、置換ボックス内に「$1」と記述することで後方参照できます。同様に2番目のグループ化も「$2」で後方参照でき、9番目の「$9」まで使用できます。たとえば、図 4-1-12 のように正規表現「([a-z]+)_([0-9])」で検索して「name_3」がマッチした場合、置換文字列を「$2 $1」と記述して実行すれば、「3 name」に置換します。

　「$1」〜「$9」の番号は、グループ化した左側から採番されます。また、「$0」と「$&」は、検索で一致した文字列全体を後方参照として利用できます。

図 4-1-12　置換時の後方参照

■ 後方参照の大文字・小文字変換

　後方参照の前に「¥u」を追加して「¥u$1」のように記述すると、先頭が大文字に変換されます。この他にも、全体を大文字にする場合は「¥U」、先頭を小文字にする場合は「¥l」、全体を小文字にする場合は「¥L」が使用できます。また、「¥u¥L$1」と記述することで、図 4-1-13 のように先頭を大文字、その他を小文字に変換します（Windows の場合、検索ボックスでは「¥」がバックスラッシュで表示されます）。

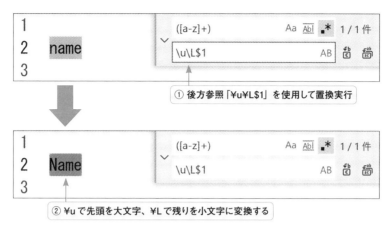

図 4-1-13　後方参照の大文字・小文字変換

4.1.4 | 検索サイドバーによる検索・置換

　検索用のサイドバーを使用して、現在開いているファイルやワークスペース全体を検索できます。

■ 検索サイドバーでの検索

　検索サイドバーのアイコンをクリックするか、[Shift + Ctrl + F]（ macOS [Shift + Cmd + F]）を押して、検索サイドバーを開きます。検索サイドバーに検索文字列を入力すると、図 4-1-14 のように、開いているファイルすべての検索結果が表示されます。なお、ワークスペースを開いている場合は、そのワークスペース内のファイルをすべて検索します。

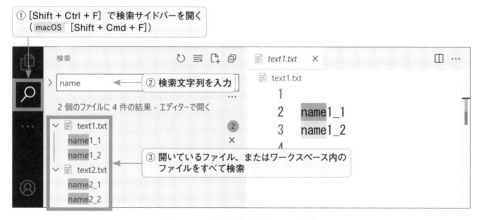

図 4-1-14　検索サイドバーでの検索

■ 検索サイドバーを使用したマルチカーソル作成

　検索サイドバーの検索結果一覧でファイルを選択して［Shift + Ctrl + L］（ macOS ［Shift + Cmd + L]）を押すと、図 4-1-15 のように検索一致箇所すべてにカーソルが作成されます。これらのカーソルは、通常のマルチカーソルと同様に操作できます。

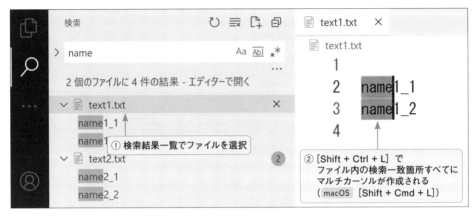

図 4-1-15　検索サイドバーを使用したマルチカーソル作成

■ 検索サイドバーでの置換

　検索サイドバーで「置換の切り替え」をクリックして置換ボックスに文字列を入力すると、図 4-1-16 のように、従来の文字列に取り消し線が引かれて置換後の文字列が表示されます。検索結果を選択すると、置換前と置換後の差分が表示されます。その後、項目の右側の「置換」ボタンをクリックすると置換されます。

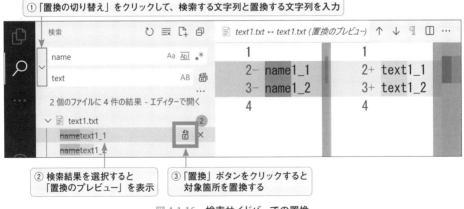

図 4-1-16　検索サイドバーでの置換

■ 検索に「含めるファイル」、「除外するファイル」

詳細な検索条件としてファイル名やフォルダー名で対象を絞り込むことができます。図 4-1-17 のように「詳細検索の切り替え」をクリックすると、「含めるファイル」と「除外するファイル」の テキストボックスが表示されます。

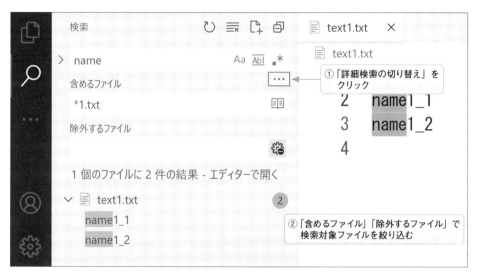

図 4-1-17 検索に「含めるファイル」、「除外するファイル」

これらのテキストボックスにはファイル名のパターンを入力します。このファイル名のパターンは、「glob」と呼ばれる、正規表現とは別の記法を使用します。「glob」の記法は表 4-1-8 をご確認ください。

ワークスペースからの相対パスで指定したい場合は、先頭を「./」から始めます。また、「エクスプローラー」サイドバーの右クリックメニューにある「フォルダー内を検索」でも検索対象フォルダーを絞り込めます。

表 4-1-8 glob

記法	説明	例（glob）	マッチ対象
*	任意の 0 文字以上にマッチする	*.py	hello.py
?	任意の 1 文字にマッチする	?.py	a.py
[文字列]	文字列内にある文字のいずれかにマッチする	name_[ab].py	name_a.py name_b.py
[文字 1- 文字 2]	文字 1 から文字 2 の間の文字にマッチする	name_[0-9].py	name_0.py name_1.py
[^ 文字列]	文字列内にある文字以外のいずれかにマッチする	name_[^ab].py	name_c.py
**	サブフォルダーにマッチする	**¥.git	.¥.git .¥dir1¥.git .¥dir1¥dir2¥.git

■ 除外設定

　詳細な検索条件以外にも、特定のファイルやフォルダーを検索対象から除外する設定が存在します。この設定 ID は、「files.exclude」と「search.exclude」です。「files.exclude」はエクスプローラーなどを含む設定で、「search.exclude」はファイル検索とクイックオープンを対象とした設定です。デフォルトでは、図 4-1-18 のように「.git」や「node_modules」などを除外するようになっています。

　除外設定を一時的に使用したい場合は、「除外するファイル」のテキストボックス右側にある「除外設定を使用してファイルを無視」を無効化してください。

Files: Exclude

ファイルとフォルダーを除外するために glob パターンを構成します。たとえば、ファイル エクスプローラーでは、この設定に基づいて、表示されるか非表示になるファイルとフォルダーが決まります。検索固有の除外を定義するには、'#search.exclude#' 設定を参照してください。glob パターンの詳細については、こちら をご覧ください。

```
**/.git
**/.svn
**/.hg
**/CVS
**/.DS_Store
**/Thumbs.db
```

`パターンを追加`

Search: Exclude

フルテキスト検索および Quick Open でファイルやフォルダーを除外するための glob パターンを構成します。'#files.exclude#' 設定からすべての glob パターンを継承します。glob パターンの詳細については、こちら を参照してください。

```
**/node_modules
**/bower_components
**/*.code-search
```

`パターンを追加`

図 4-1-18　**除外設定**

4.1.5 検索エディター

検索エディターは、検索結果をエディターグループ内に表示します。検索サイドバーよりも広い画面で確認できるため、検索結果が多い場合に有用です。

■ 検索サイドバーから検索エディターを開く

検索サイドバーで「エディターで開く」をクリックすると、図4-1-19のように検索エディターが開きます。なお、コマンドパレットで「Search Editor: Open Search Editor（検索エディター：検索エディターを開く）」を実行しても同様に開きます。

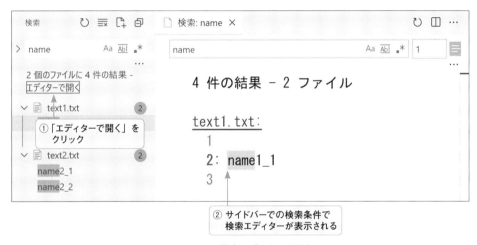

図 4-1-19　**検索エディターを開く**

■ 検索結果に移動

検索結果に移動する場合は、[F4] を押します。続けて [F4] を押すと、次の検索結果に移動します。1つ前の検索結果に戻る場合は、[Shift + F4] を押します。

■ 検索結果の前後の行を表示

検索エディターの特徴として、検索結果の前後の行を表示する機能があります。図4-1-20のように、「コンテキスト行を切り替える」ボタンでこの機能を有効化して行数を指定すると、その数値分の行が前後に表示されます。

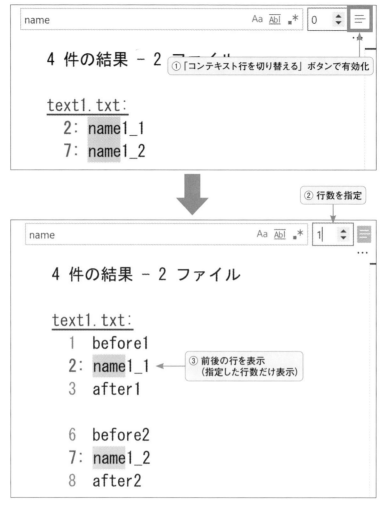

図 4-1-20　検索結果の前後の行を表示

■ 検索結果の周りを参照

　検索結果にカーソルを合わせて ［Alt ＋ F12］（ Linux ［Shift ＋ Ctrl ＋ F10］、 macOS ［Option ＋ F12］）を押すと、図 4-1-21 のように検索箇所の周りを表示できます。この表示を閉じる場合は ［Esc］を押します。

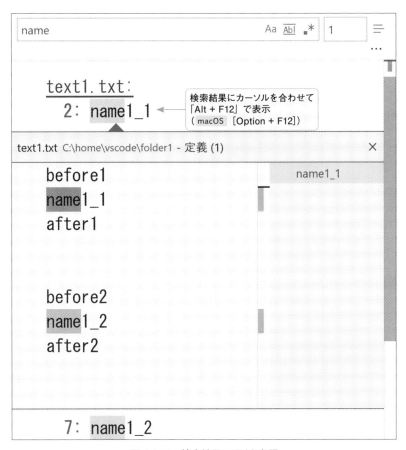

図 4-1-21　検索結果の周りを参照

■ 検索箇所のファイルを別タブで開く

検索結果にカーソルを合わせて［F12］を押すと、検索箇所のファイルが別タブで開きます。検索結果を［Ctrl + クリック］（ macOS ［Cmd + クリック］）しても同様に開きます。検索エディターのタブに戻る場合は［Alt + 左キー］（ macOS ［Ctrl + -]）を押します。

また、検索結果をダブルクリックした場合も、デフォルトでは別タブで開きます。この動作は設定 ID「search.searchEditor.doubleClickBehaviour」（表 4-1-9）で変更できます。

表 4-1-9　検索エディターで検索結果をダブルクリックした場合の振る舞い

設定 ID	設定値	説明
search.searchEditor.doubleClickBehaviour	goToLocation	別タブで開く（デフォルト）
	openLocationToSide	画面右側に開く
	selectWord	ワードを選択する

123

■ 検索箇所のファイルを横に開く

　検索結果にカーソルを合わせて［Ctrl + K］［F12］（ macOS ［Cmd + K］［F12］）を押すと、横側に検索箇所のファイルが開きます。検索結果を［Ctrl + Alt + クリック］（ macOS ［Cmd + Option + クリック］）しても同様に開きます。

■ 検索結果の保存

　検索エディターで検索した結果はファイルに保存できます。通常のエディターと同様に［Ctrl + S］（ macOS ［Cmd + S］）を押すか、メニューから「ファイル」→「保存」を選択してください。保存したファイルの拡張子は「.code-search」となります。このファイルを VSCode で開くと、再び検索エディターの画面が表示されます。

　ここまでの主な検索エディターのショートカットキーを表 4-1-10 に示します。

表 4-1-10　**検索エディターのショートカットキー**

操作	Windows / Linux	macOS
次の検索結果に移動	［F4］	［F4］
前の検索結果に移動	［Shift + F4］	［Shift + F4］
検索結果の周りを参照	Windows：［Alt + F12］ Linux：［Shift + Ctrl + F10］	［Option + F12］
検索箇所のファイルを別タブで開く	［F12］	［F12］
検索箇所のファイルを横に開く	［Ctrl + K］［F12］	［Cmd + K］［F12］
検索結果の保存	［Ctrl + S］	［Cmd + S］

4.2 差分表示(diff)

ファイルやフォルダーの差分の表示機能（diff）を使うと変更点を簡単に確認できます。この差分表示はソースコードの比較だけでなく、文章の変更前後の比較などにも役立ちます。

4.2.1 | ファイルの差分表示

まずは2画面によるファイルの差分表示を見ていきましょう。この差分表示では、ファイルなどを2つ指定して比較します。

■「エクスプローラー」サイドバーでファイルを指定して比較

「エクスプローラー」サイドバーの右クリックメニューで比較ファイルを選択します。まずは、比較元ファイルの右クリックメニューから「比較対象の選択」を選びます。次に、比較先ファイルの右クリックメニューから「選択項目と比較」を選択します。すると、図4-2-1のように2つのファイルを並べて比較した画面が表示されます。

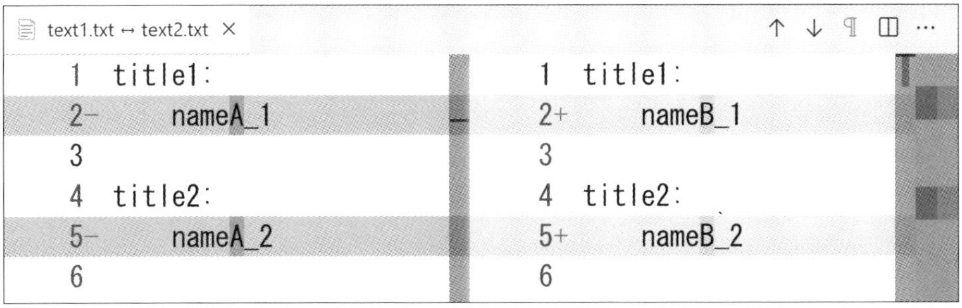

図 4-2-1　**2画面による差分比較**

■変更箇所へのカーソル移動

差分表示でそれぞれの変更箇所に順番に移動したい場合は、画面右上にある「次の変更箇所」ボタンをクリックするか、［Alt + F5］（ macOS ［Option + F5］）を押します。前に戻る場合は「前の変更箇所」ボタンをクリックするか、［Shift + Alt + F5］（ macOS ［Shift + Option + F5］）を押します。

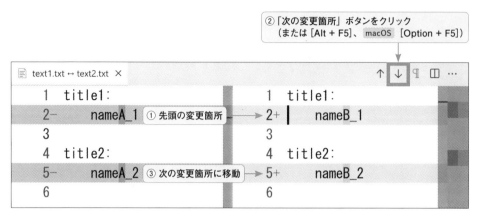

図 4-2-2　変更箇所へのカーソル移動

■ コマンドパレットでファイルを指定して比較

比較元ファイルを開いた後、コマンドパレットで「File: Compare Active File With…（ファイル：アクティブ ファイルを比較しています…）」を実行します。実行後に、比較先のファイルを選択すると差分が表示されます。

■ 保存時点のファイルとの比較

保存時点のファイルと編集後の保存前の内容を比較したい場合は、「エクスプローラー」サイドバーの右クリックメニューから「保存済みと比較」を選択、または［Ctrl + K］［D］を押します。実行後は、編集前（保存時点）のファイルが左側、編集後のファイルが右側に並べられて差分が表示されます。

■ クリップボードとの比較

クリップボードの内容と、開いているファイルの内容を比較したい場合は、［Ctrl + K］［C］を押します。実行後は、クリップボードが左側、開いているファイルが右側に並べられて差分が表示されます。

ここまでの主な差分表示のショートカットキーを表 4-2-1 に示します。

表 4-2-1　差分表示のショートカットキー

操作	Windows / Linux	macOS
次の変更箇所に移動	［Alt + F5］	［Option + F5］
前の変更箇所に移動	［Shift + Alt + F5］	［Shift + Option + F5］
保存時点のファイルとの比較	［Ctrl + K］［D］	［Ctrl + K］［D］
クリップボードとの比較	［Ctrl + K］［C］	［Ctrl + K］［C］

4.2.2 インラインビューによる差分表示

　VSCode の差分表示では、2画面による比較表示以外の方法も用意されています。ここではインラインビューによる差分表示について紹介します。

　インラインビューは、同一エディター画面内にプラス（＋）とマイナス（−）で差分を表示する方法です。プラスは追加された行、マイナスは削除された行です。2画面による比較表示から画面右上メニューの「…」→「インラインビューの切り替え」を選択すると、図 4-2-3 のようなインラインビューに切り替わります。

　インラインビューのマイナス側にカーソルを合わせると、左側に電球アイコンが表示されます。この電球アイコンをクリックすると、「削除された行のコピー」や「この変更を元に戻す」を実行できます。

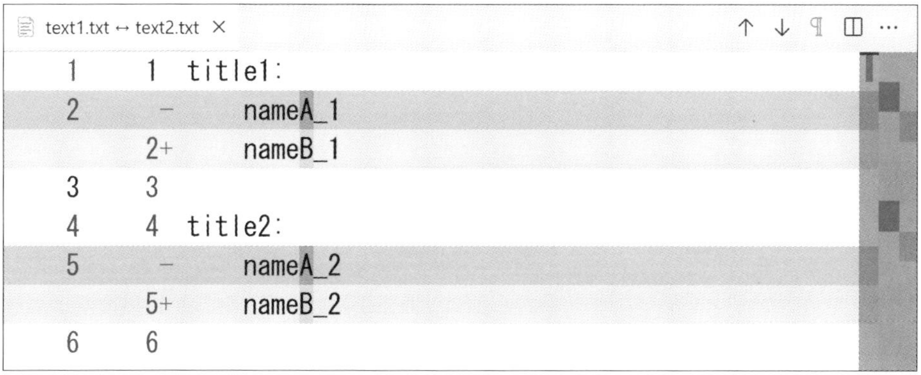

図 4-2-3　インラインビューによる差分表示

4.2.3 保存時の競合の対応

　VSCode で編集中のファイルは、他のプログラムなどから変更を加えられることがあります。意図せずに上書き保存することを防ぐため、このような競合があった場合は図 4-2-4 のようなダイアログが表示されます。

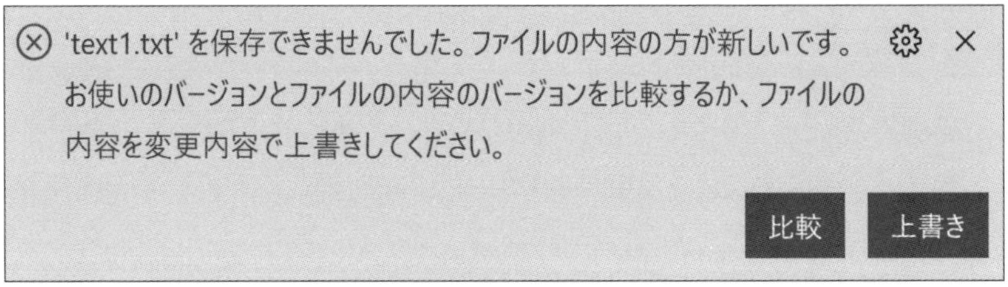

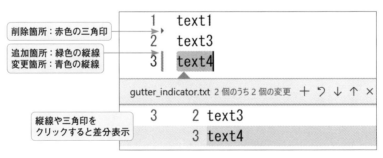

図 4-2-4　**保存時の競合ダイアログ**

　このダイアログで「比較」を選択した場合は、差分表示の画面になります。通常の差分表示と異なるのは、画面右上に「変更を適用してファイルの内容を上書きする」、「変更を破棄してファイルの内容に戻す」という 2 つのボタンが表示されることです。これらのボタンをクリックすれば、上書き保存するか、破棄して元に戻すことができます。

　一部の箇所のみ変更を元に戻したい場合は、インラインビューの電球アイコンをクリックして、「この変更を元に戻す」を実行します。その後で上書き保存すれば、一部のみ元に戻した状態で保存されます。

4.2.4 | ガターインジケーターによる差分表示

　ガターインジケーターとは、行番号の右側に表示される縦線や三角印のことです。Git などでバージョン管理対象のファイルを変更すると表示されます。記号の内容は、追加箇所が緑色の縦線、変更箇所が青色の縦線、削除箇所が赤色の三角印です。縦線や三角印をクリックすると、図 4-2-5 のように差分表示されます。

図 4-2-5　**ガターインジケーターによる差分表示**

4.3 Git(バージョン管理)

VSCode は標準で Git に対応しています。そのため、Git 本体がインストールされていれば、拡張機能なしで使用できます。

4.3.1 Git のインストール

まずは Git 本体のインストール方法について説明します。OS ごとにそれぞれインストール方法が異なります。

Windows

Windows の場合は、「Git for Windows」（https://gitforwindows.org）をインストールします。インストーラをダウンロードして実行すると、ダイアログが表示されます。このダイアログに従って操作を進めればインストール完了です。

インストール時に、「Git Bash」を同時にインストールすることもできます。「Git Bash」はWindows 上で使用可能な bash です。インストールした場合、VSCode 上のターミナルでも「Git Bash」を使用できます。

macOS

macOS の場合、インストール方法は 3 つあります。まず 1 つめは、公式サイトのインストーラを使用することです。インストーラをダウンロードして実行すれば、ダイアログに従うだけで Gitがインストールされます。

2 つめは、Homebrew を使用してインストールする方法です。Homebrew でツールを管理したい場合は、この方法をお勧めします。Homebrew 自体がインストール済みであれば「brew installgit」でインストールされます。

最後は、Xcode をインストールする方法です。Xcode をインストールすると Git もインストールされます。

Linux

ディストリビューションごとのパッケージマネージャを使用してインストールします。Ubuntuなどの Debian 系ならば「apt install git」、RedHat 系ならば「yum install git」でインストールできます。

それぞれの OS でインストールが完了した後、VSCode のターミナルで「git」のコマンドを実行してください。コマンドが実行できればインストール成功です。

4.3.2 | Git について

Git は、現在主流のバージョン管理システムです。バージョン管理システムとは、ファイルの変更履歴を管理するシステムであり、その管理を行うソフトウェアの総称でもあります。ここでは、ソフトウェア「Git」が行うバージョン管理の概要について説明します。

■ リポジトリと変更履歴

リポジトリとは、ファイルの変更履歴を保存する場所であり、一種のデータベースです。Git は、リポジトリを操作することで、ファイルの履歴を保存します。変更したファイルをリポジトリに保存する操作を「コミット」と呼びます。コミットすると、その時点での状態を表す番号（ハッシュ）が割り当てられます。

その後、ローカルの対象ファイルに変更や削除などを行っても、コミットしたファイルをリポジトリからいつでも取り出せます。リポジトリから取り出すときは、どの時点の状態かをハッシュで指定します。この取り出す操作を「チェックアウト」と呼びます（図 4-3-1）。

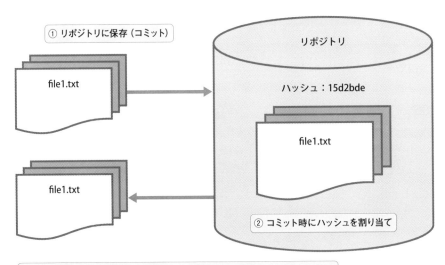

図 4-3-1　リポジトリとコミット

■ ワーキングツリーとステージングエリア

普段扱っているローカルコンピュータで参照できるファイルやフォルダーのことを Git では「ワーキングツリー」と呼びます。VSCode などのエディターで操作するファイルは、このワーキングツリー上のものになります。

また、ワーキングツリーとリポジトリの間にある領域のことを「ステージングエリア」と呼びます。Git のコミットは、ワーキングツリーの内容を直接リポジトリに保存するのではなく、ステージングエリアにある変更内容のみをリポジトリに保存します。このステージングエリアを設けることで、誤った変更内容がリポジトリに入るのを防いでいます（図 4-3-2）。

ワーキングツリーからステージングエリアに変更を移動する操作を、「ステージ」またはコマンド名から「add」と呼びます。また、ステージングエリアは、「インデックス」とも呼ばれています。

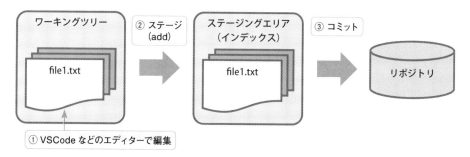

図 4-3-2　ワーキングツリーとステージングエリア

■ ブランチ

ファイルの変更履歴は一方向だけではなく、A に変更した履歴と B に変更した履歴といったように分岐した状態を持つことができます。これらの分岐を「ブランチ」と呼び、図 4-3-3 のように分かれていきます。また、各ブランチは名前を付けて管理できます。

リポジトリ作成時にはデフォルトブランチが作成されます。このデフォルトブランチは通常、「main」または「master」といった名前が付きます。初期状態でコミットすると、デフォルトブランチが対象になります。

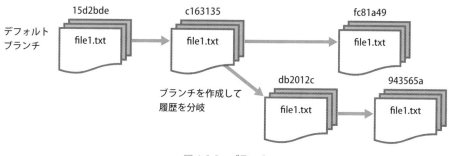

図 4-3-3　ブランチ

■ ローカルリポジトリとリモートリポジトリ

　Git は分散型のバージョン管理システムです。そのため、自身のコンピュータ内部にある「ローカルリポジトリ」とサーバー側にある「リモートリポジトリ」といった 2 種類のリポジトリが存在します。これまで説明してきたリポジトリの操作は、基本的にローカルリポジトリに関するものです。自身のみが扱う場合は、ローカルリポジトリのみでもバージョン管理を行うことができます。

　一方、チームなどで共通のリポジトリを扱う場合は、サーバーにリモートリポジトリを設置します。このリモートリポジトリを各々がローカルにコピーして、ローカルリポジトリを作成します。この操作を「クローン」と呼びます。また、自身のみが扱う場合でも、バックアップ用途などでリモートリポジトリを利用することがあります。

　ローカルリポジトリとリモートリポジトリは、それぞれの内容を同期できます。ローカルリポジトリからリモートリポジトリへのアップロードは「プッシュ」、リモートリポジトリからローカルリポジトリへのダウンロードは「プル」や「フェッチ」といった操作になります（図 4-3-4）。

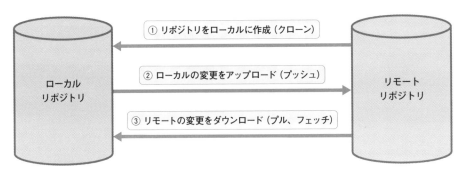

図 4-3-4　ローカルリポジトリとリモートリポジトリ

■ リモート追跡ブランチ

　リモートリポジトリからダウンロードしたブランチは、ローカルリポジトリでは同じ名前のブランチと先頭に「origin」が付くブランチができます。たとえばリモートリポジトリのデフォルトブランチ「main」をダウンロードすると、ローカルリポジトリに「main」と「origin/main」の 2 つのブランチが作成されます。このうち「origin」が付くブランチのことをリモート追跡ブランチと呼びます（図 4-3-5）。

　リモートリポジトリのブランチをローカルリポジトリにダウンロードした際、まずはこれらのリモート追跡ブランチに反映されます。その後、リモートリポジトリの同じ名前のブランチに取り込まれます。アップロードも同じ仕組みでリモート追跡ブランチを経由して行われます。

　リモート追跡ブランチは、リモートリポジトリとローカルリポジトリの同期のために存在します。そのため、リモート追跡ブランチを直接変更することはありません。ローカルの変更は、基本的に同じ名前のブランチに対して行います。

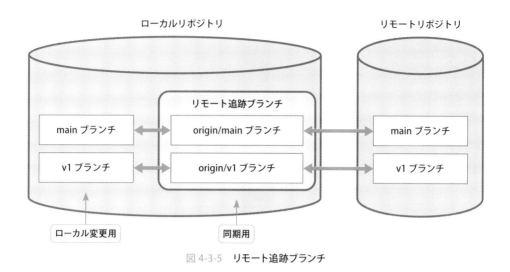

図 4-3-5　リモート追跡ブランチ

4.3.3 | リポジトリの作成とコミット

　ここからは VSCode 上での Git の操作方法について説明していきます。まずはローカルにリポジトリを作成して、ファイルをコミットしましょう。

■ リポジトリの作成

　まず、リポジトリを作成したいフォルダーを VSCode で開きます。次に、図 4-3-6 のように「ソース管理」サイドバーの「リポジトリを初期化する」ボタンをクリックすると、フォルダー内にリポジトリが作成されます。

　このとき、内部的には「git init」コマンドを実行した状態になっています。新規に「.git」フォルダーが作成されて、リポジトリやその他の Git に関係するファイルが格納されます。基本的に、この「.git」フォルダー内は直接操作しないようにしましょう。

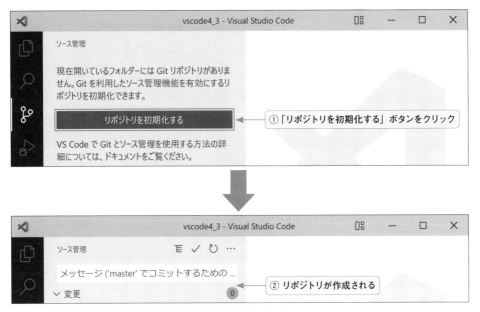

図 4-3-6　リポジトリの作成

■ 変更をステージングエリアに追加

　リポジトリを作成した直後は空の状態です。リポジトリにコミットする前段階として、ステージングエリアにファイルを追加する作業を行います。

　まずはフォルダー内にファイルを新規作成します。すると、「ソース管理」サイドバーの「変更」エリアにファイルが追加されます。この「変更」エリアは、ワーキングツリー内で変更があったファイルを表示しています。

　次に、ファイルを選択して「＋」(変更をステージ) ボタンをクリックしましょう。すると、対象ファイルが「ステージされている変更」エリアに移動します。これでファイルの変更がステージングエリアに追加されたことになります。

図 4-3-7　変更をステージングエリアに追加

■ リポジトリへのコミット

　ステージングエリアにファイルを追加したら、次にそれらのファイルをリポジトリにコミットしましょう。図 4-3-8 のように「ソース管理」サイドバーのテキストボックスに履歴用のメッセージを入力して「コミット」ボタンをクリックするとコミットを行います。コミットが成功すれば、変更内容がリポジトリに保存されます。

　また、コミットしたファイルを開くと、「エクスプローラー」サイドバーの「タイムライン」にコミット時のメッセージが表示されます。

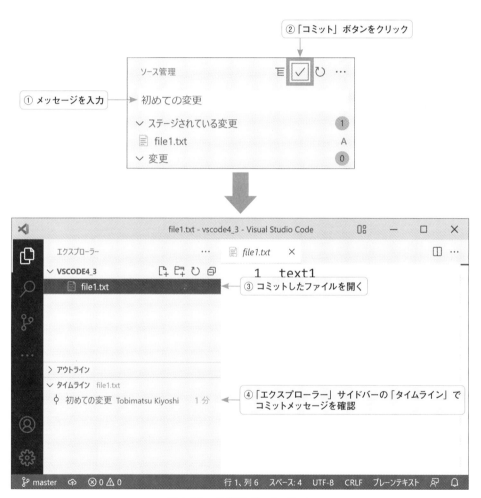

図 4-3-8　リポジトリへのコミット

■ 前回のコミットを戻す

メニューから「前回のコミットを戻す」を選択すると、直前のコミットを取り消して変更内容がステージングエリアに残ります。

■ 変更のステージング解除

ステージングエリアにある変更内容を取り消す操作です。ソース管理のファイルにカーソルを合わせたときに表示される「－」（変更のステージング解除）ボタンをクリックすると、ステージングエリアに追加した内容が取り消されます。

■ 変更を破棄

ワーキングツリー上にある変更内容を破棄する操作です。ファイルにカーソルを合わせたときに表示される「変更を破棄」ボタンをクリックすると、変更が破棄されてリポジトリの内容に戻ります。なお、基本的に、破棄する前の内容には戻せないので注意してください。

■ 差分表示と選択範囲のステージングエリア追加

「変更」エリアにあるファイルをクリックすると、ワーキングツリーとステージングエリアの差分が表示されます。差分表示のタブは、たとえば図 4-3-9 のように「file1.txt（作業ツリー）」といった名前で開きます。

この差分表示上で範囲を選択し、右クリックメニューで「選択した範囲をステージする」を選択します。これにより、選択範囲の箇所のみステージングエリアに追加されます。同様に右クリックメニューの「選択範囲を元に戻す」で、選択範囲の箇所のみ変更を破棄します。

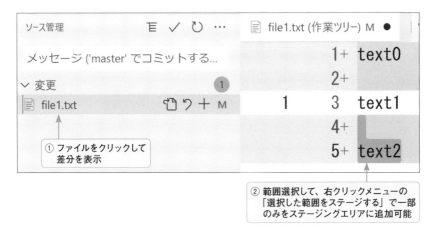

図 4-3-9　差分表示と選択範囲のステージングエリア追加

■ ステージングされた変更の差分表示

ソース管理の「ステージングされた変更」にあるファイルをダブルクリックすると、ステージングエリアとリポジトリの差分が表示されます。差分表示のタブは「file1.txt（インデックス）」といった名前で開きます。

この差分表示上で、右クリックメニューから「選択した範囲のステージを解除」を選択すると、選択範囲の箇所のみステージングエリアから取り消されます。

■ スマートコミット

VSCode にはスマートコミットという機能があります。この機能を使えば、ステージングエリアに変更ファイルがない場合、ワーキングツリーの変更内容を直接コミットできます。この機能を有効にするには、設定 ID「git.enableSmartCommit」（表 4-3-1）を true に変更します。

表 4-3-1　スマートコミット

設定 ID	設定値	説明
git.enableSmartCommit	true	ステージングエリアに変更ファイルがない場合、ワーキングツリーの変更内容をすべてコミットする
	false	ステージングエリアに変更ファイルがない場合、コミットしない（デフォルト）

■ 修正のコミット（amend オプション）

VSCode の Git メニューには、「ステージング済みをコミット（修正）」のように「（修正）」が付く項目があります。この「（修正）」が付くコミットは、前回のコミットに今回分の修正を上乗せします。これは、忘れていた内容を後から追加する場合などに便利です。コマンドとしては「--amend」オプションを追加したコミットになります。

この修正コミットは、前回コミットした内容を書き換えます。そのため、変更履歴を分けたい場合は、修正コミットを利用するのではなく別コミットにしてください。また、すでにリモートリポジトリにアップロードした場合も別コミットにすることをお勧めします。

4.3.4　ブランチの作成とマージ

ファイルをコピーして別ファイルを作成するように、ブランチを分岐して別ブランチを作成できます。作成したブランチは、分岐元ブランチとは別の履歴を保存していきます。また、分岐元ブランチに、変更した内容をマージすることもできます。

■ ブランチの作成

　現在選択中のブランチから新規ブランチを作成しましょう。まずは分岐元になるブランチを選択します。最初の状態からブランチを切り替えていなければ、デフォルトブランチ（main または master ブランチ）が選択されています。別ブランチを選択したい場合は、次項で紹介する「ブランチの移動（チェックアウト）」を行ってください。

　分岐元のブランチを選択したら、図 4-3-10 のようにソース管理のメニューから「ブランチ」→「分岐の作成」を選択します。そして、表示されたテキストボックスにブランチ名を入力して［Enter］を押すと、ブランチが作成されて、そのブランチに移動します。

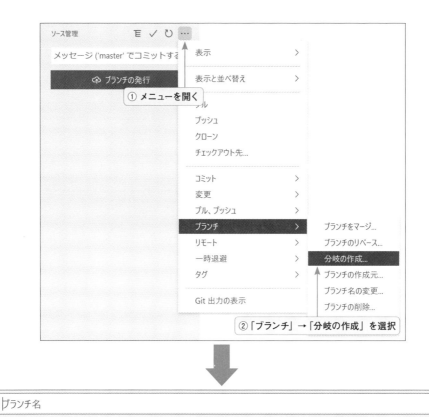

図 4-3-10　ブランチの作成

■ ブランチの移動（チェックアウト）

　別のブランチに移動する操作です。ソース管理のメニューから「チェックアウト先」を選択します。表示されたテキストボックスにブランチ名を入力して［Enter］を押すと、そのブランチに移動します。

■ ブランチのマージ

　現在選択中のブランチに別ブランチの変更内容を取り込むことができます。まず、ソース管理のメニューから「ブランチ」→「ブランチをマージ」を選択します。次に、表示されたテキストボックスにマージ元を入力して［Enter］を押すと、マージ元の内容を現在選択中のブランチに取り込みます。取り込み時に競合が発生しなければ、そのまま「Merge branch マージ元ブランチ名」といったメッセージでコミットされます。

■ 競合の解決

　マージなどで競合が発生した場合は、ファイルを開いて解決する必要があります。ファイルを開くと図4-3-11のように、どの変更を取り込むかを選択できます。変更を取り込んで競合を解決した後は、ファイルをステージングエリアに移動してコミットを行います。

　なお、競合時にマージ前の状態まで戻したい場合は、「git merge --abort」をターミナルで実行してください。

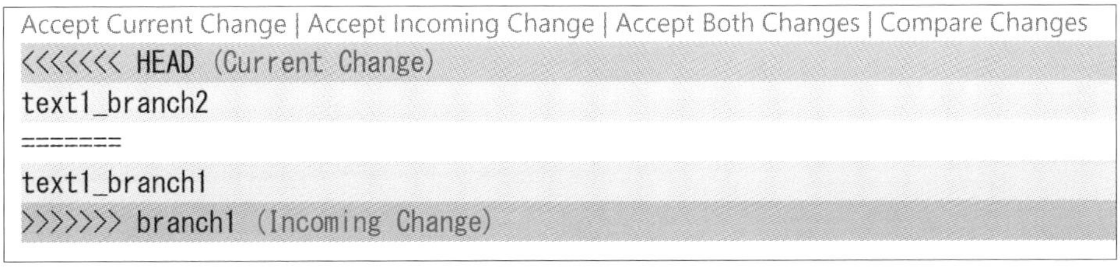

```
Accept Current Change | Accept Incoming Change | Accept Both Changes | Compare Changes
<<<<<<< HEAD (Current Change)
text1_branch2
=======
text1_branch1
>>>>>>> branch1 (Incoming Change)
```

図 4-3-11　競合の解決

4.3.5 │ 変更内容の一時退避（stash）

　現在のワーキングツリーやステージングエリアの変更内容を一時的に退避できます。この機能は、変更作業中に別ブランチでの作業が必要となった場合などに利用します。

　一時退避は、ローカルリポジトリ全体で1つのリストになっています。新規に一時退避するとリストの先頭に追加されます。また、一時退避した内容は別ブランチに対しても適用できます。

■ 一時退避

　ソース管理のメニューから「一時退避」→「一時退避」を選択し、表示されたテキストボックスに何かしらメッセージを入力して［Enter］を押すと、一時退避が実行されます。

　なお、この方法では、未追跡ファイル（リポジトリやステージングエリアにないファイル）は一時退避しません。未追跡ファイルを含める場合は、メニューから「一時退避」→「一時退避（未追跡ファイルを含む)」を選択してください。

■ 一時退避内容の適用

ソース管理のメニューから「一時退避」→「一時退避内容を適用」を選択します。表示された一覧から一時退避内容を選択すると、その内容がワーキングツリーに適用されます。

4.3.6 │ 履歴の確認

リポジトリの履歴は、標準機能として「タイムライン」で確認できます。また、拡張機能「Git History」や「GitLens」を使用することで、より詳細に表示できます。

■ タイムライン

ファイルを開くと「エクスプローラー」サイドバーの「タイムライン」にて、コミットした履歴を確認できます。このタイムラインの履歴をクリックすると変更差分（diff）が表示されます。

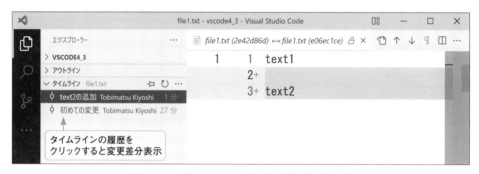

図 4-3-12　**タイムラインによる変更差分表示（diff）**

■ Git History

拡張機能「Git History」（拡張機能 ID: donjayamanne.githistory）を使用すると、各ブランチの状況を図 4-3-14 のようにグラフィカルに表示できます。この画面で、これまでの履歴や分岐の状況をひとめで確認できます。また、ブランチの作成や移動なども、この画面から実行できます。

図 4-3-13　**拡張機能「Git History」（拡張機能 ID: donjayamanne.githistory）**

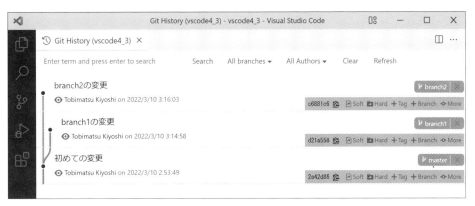

図 4-3-14　**Git History によるブランチ表示**

▉ GitLens

　拡張機能「GitLens」（拡張機能 ID: eamodio.gitlens）は、ファイル単体の履歴を確認するのに便利な機能を取り揃えています。たとえば「git blame」のように、各行がどのコミットで変更されたかを表示できます（図 4-3-16）。

　GitLens をインストールすると、ファイル内にも Git の履歴が表示されるようになりますが、画面上の情報が多くなってしまいます。これらの情報が不要な場合は、設定 ID「gitlens.currentLine.enabled」と「gitlens.codeLens.enabled」を false に変更して非表示にすることができます。なお、一時的に表示したい場合は、コマンドパレットから「GitLens: Toggle Line Blame」や「GitLens: Toggle Git Code Lens」を実行します。

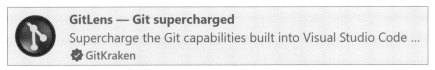

図 4-3-15　**拡張機能「GitLens」**（拡張機能 ID: eamodio.gitlens）

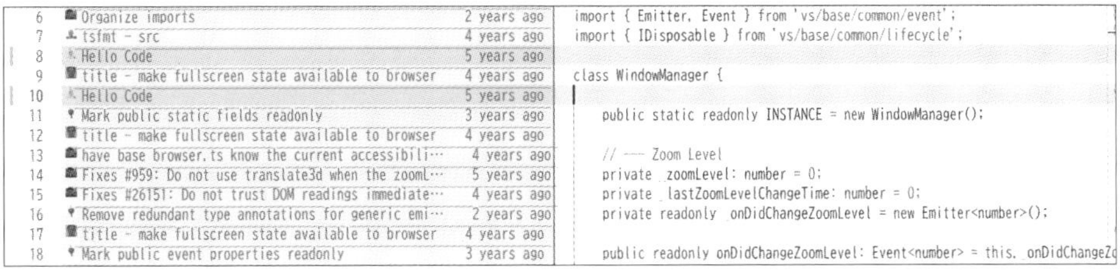

図 4-3-16　**GitLens による blame 表示**

4.4 GitHub とリモートリポジトリ

　GitHub は、Git リポジトリを管理するホスティングサービスです。オープンソースの公開リポジトリとしてよく使用されていますが、プライベートなリポジトリも作成できます。

　本節では、GitHub でのリモートリポジトリの操作と、プルリクエストなどを行う拡張機能「GitHub Pull Requests and Issues」について説明します。

4.4.1 GitHub でのリポジトリ作成

　2022 年 2 月現在、GitHub の Free プランでもプライベートなリポジトリを制限なく作成できます。ここでは、GitHub でのプライベートなリモートリポジトリの作成方法について紹介します。

■ GitHub アカウントの作成

　GitHub にリポジトリを作成するには、まず、アカウントを作成する必要があります。「https://github.com」の「Sign Up」ボタンをクリックしてアカウント作成画面に移動し、利用規約などを確認した上で各種情報を入力していくと、アカウントが作成されます。

　なお、このとき入力したユーザー名とパスワードは、ローカルのコンピュータからリモートリポジトリにアクセスする際に使用します。

■ GitHub リポジトリの作成

　アカウントが作成できたら、次はリポジトリを作成します。「https://github.com」にサインインした状態で画面右上にあるメニューの「New repository」をクリックすると、図 4-4-1 のようなリポジトリ作成画面に移動します。この画面でリポジトリ名を入力して「Private」リポジトリを選択後、「Create repository」ボタンをクリックすると作成完了です。図 4-4-2 のように、新規リポジトリの画面が表示されます。

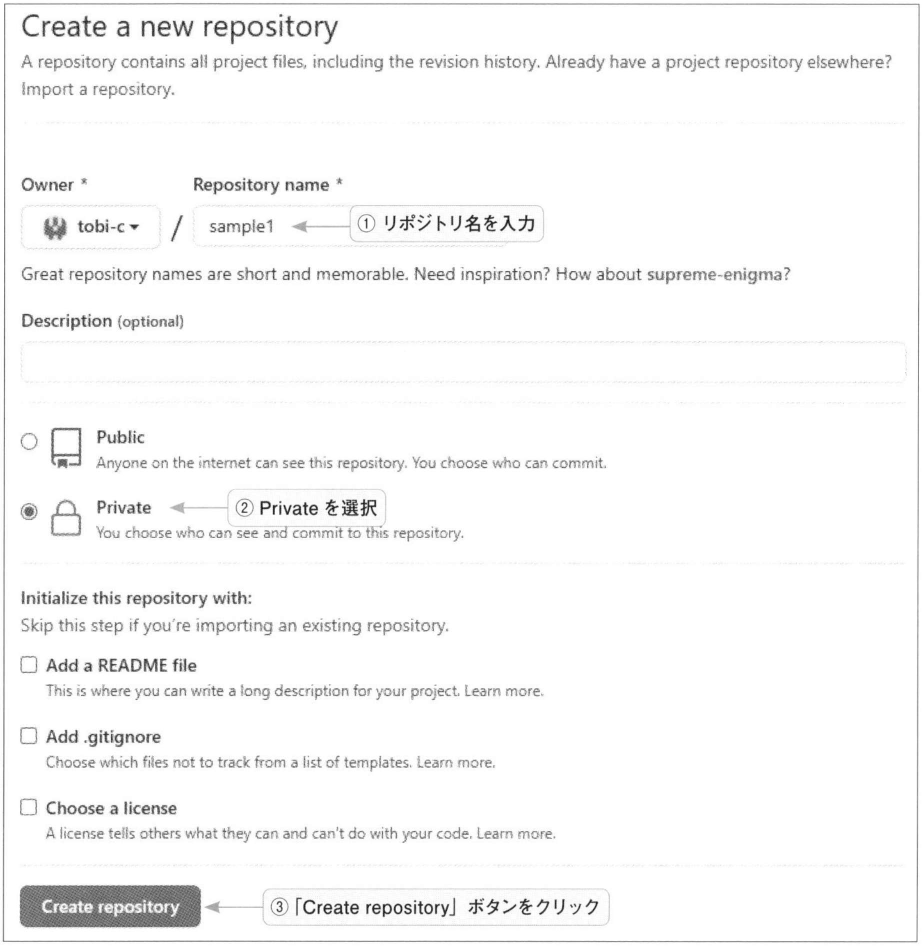

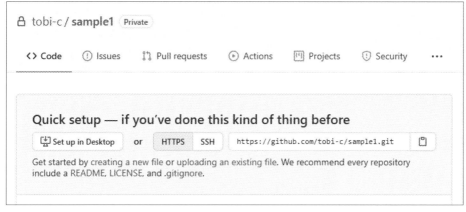

Create a new repository

A repository contains all project files, including the revision history. Already have a project repository elsewhere? Import a repository.

Owner *　　　　　Repository name *

🐙 tobi-c ▾ 　/　sample1　←──　① リポジトリ名を入力

Great repository names are short and memorable. Need inspiration? How about **supreme-enigma**?

Description (optional)

○ 📖 **Public**
　　Anyone on the internet can see this repository. You choose who can commit.

◉ 🔒 **Private**　←──　② Private を選択
　　You choose who can see and commit to this repository.

Initialize this repository with:
Skip this step if you're importing an existing repository.

☐ **Add a README file**
　This is where you can write a long description for your project. Learn more.

☐ **Add .gitignore**
　Choose which files not to track from a list of templates. Learn more.

☐ **Choose a license**
　A license tells others what they can and can't do with your code. Learn more.

Create repository　←──　③「Create repository」ボタンをクリック

図 4-4-1　リポジトリ作成画面

🔒 tobi-c / **sample1** (Private)

<> Code　　⊙ Issues　　⁑ Pull requests　　▷ Actions　　▦ Projects　　⊘ Security　　•••

Quick setup — if you've done this kind of thing before

⊞ Set up in Desktop　or　HTTPS　SSH　　https://github.com/tobi-c/sample1.git　📋

Get started by creating a new file or uploading an existing file. We recommend every repository include a README, LICENSE, and .gitignore.

図 4-4-2　新規のプライベートリポジトリ

■ VSCode から GitHub リポジトリに接続

　VSCode から、作成した GitHub リポジトリに接続します。まず、VSCode の「ソース管理」サイドバーにある「リポジトリのクローン」ボタンをクリックします。そして、図 4-4-3 のように表示された「GitHub から複製」を選択します。

　この段階で、初回のみ GitHub の認可を要求されます。ブラウザが開くので画面に従って進んでください。最後に VSCode を開く許可を求められるのでクリックすると、VSCode に戻ります。

　VSCode に戻った後、テキストボックスに「ユーザー名／リポジトリ名」を入力すると、リポジトリに接続して GitHub へのサインインが求められます。サインイン後にリポジトリのクローンが始まります。

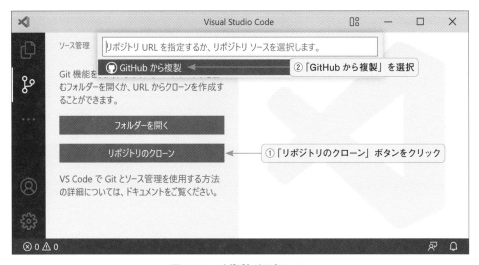

図 4-4-3　リポジトリのクローン

4.4.2 リモートリポジトリとの同期操作

　ここでは、GitHub のリモートリポジトリとクローンしたローカルリポジトリを使用して、リポジトリ間の同期操作を行います。本項では GitHub を使っていますが、ここで紹介する操作は他のリモートリポジトリでも同様に動作します。

■ 変更のアップロード（push）

　クローンしたローカルのリポジトリは、まだ何もない状態です。新規ファイルをローカルのデフォルトブランチ（main または master ブランチ）にコミットした後、その内容を GitHub のリモートリポジトリにアップロードしましょう。アップロードを実行するには、ソース管理のメニューから「プッシュ」（push）を選択します。

■ 変更のダウンロード（fetch）

　リモートリポジトリの変更をダウンロードする場合は、ソース管理のメニューから「プル、プッシュ」→「フェッチ」（fetch）を選択します。選択すると、ダウンロードした変更がリモート追跡ブランチに反映されます。

　main ブランチを例とすると、リモートリポジトリの内容はリモート追跡リポジトリ「origin/main」のみに反映されて「main」には未反映の状態です。「main」に反映するには、「origin/main」をマージする必要があります。

■ 変更のダウンロードとマージ（pull）

　リモートリポジトリのダウンロードとマージを同時に行いたい場合は、ソース管理のメニューから「プル」（pull）を選択します。マージ時に競合が発生しなければ、ローカルリポジトリにダウンロードした内容がそのまま反映されます。競合が発生した場合は、マージと同様に競合解決してからコミットしてください。

4.4.3 プルリクエストとイシューの作成

　GitHub にはプルリクエスト（Pull Request）やイシュー（Issue）といった管理項目があります。プルリクエストは、ソースコードの変更内容を確認しながらレビューなどを行う項目です。一方、イシューは、発生した問題などをテキストで議論する項目です。

　拡張機能「GitHub Pull Requests and Issues」（拡張機能 ID: GitHub.vscode-pull-request-github）を使えば、これらプルリクエストやイシューの作成および表示を VSCode 上から行うことができます。

■ 拡張機能「GitHub Pull Requests and Issues」の有効化

　拡張機能を利用するには、GitHub にサインインして権限を割り当てる必要があります。サインインは、「ソース管理」サイドバーの「リポジトリのクローン」ボタンをクリックして、「GitHubから複製」を選択します。選択するとブラウザが開いて、この拡張機能に必要な権限が求められます。権限を許可すると VSCode 上に戻り、リポジトリのクローンが実行されます。クローンしたフォルダーを開いた後、「GitHub」サイドバーの「Sign in」ボタンで再度サインインを行うと「GitHub Pull Requests and Issues」が有効になります。

■ プルリクエストの作成

　プルリクエストを作成するには、変更内容を格納したブランチが必要です。このブランチの作成は、通常通り Git の操作で行います。

　作成したブランチに変更内容をコミットしたら、「GitHub」サイドバーの「PULL REQUESTS」にある「Create Pull Request」ボタンをクリックしてプルリクエストを作成します。

■ プルリクエストのチェックアウト

　「GitHub」サイドバーの「PULL REQUESTS」には、プルリクエストの一覧が表示されています。このプルリクエストをチェックアウトするには、「Description」の右側にある「Checkout Pull Request」ボタンをクリックします。

　チェックアウトが終わると、対象プルリクエストの情報が「GitHub Pull Request」サイドバーに表示されます（図 4-4-4）。また、画面左下のステータスバーに「Pull Request # 番号」と表示されます（「# 番号」の部分は、チェックアウトした番号です）。

図 4-4-4　**プルリクエストの情報**

■ 差分表示とコメントの入力

　「GitHub」サイドバーの変更ファイルをクリックすると、変更の差分表示が開きます。差分表示では、行番号の右側にあるラインにカーソルを合わせると、図 4-4-5 のように「+」が表示されます。この「+」をクリックすると、コメントを入力して GitHub に送信できます。

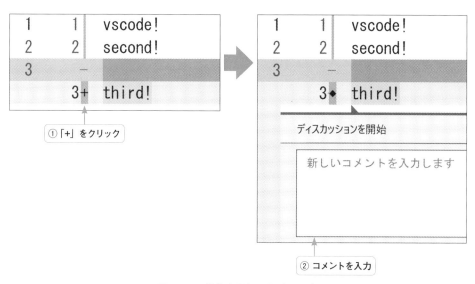

図 4-4-5　差分表示とコメントの入力

■ プルリクエストのマージ

　チェックアウト中のプルリクエストをマージするには、まず、画面左下の「Pull Request # 番号」をクリックして、図 4-4-6 のようにプルリクエストの詳細欄を表示させます。この詳細欄にある「Merge Pull Request」ボタンをクリックすると、プルリクエストがマージされます。

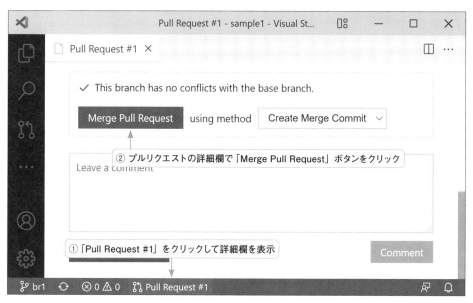

図 4-4-6　プルリクエストのマージ

■ プルリクエストをブラウザで開く

「GitHub」サイドバーの右クリックメニューで「Open Pull Request In GitHub」を選択すると、対象プルリクエストがブラウザで開きます。

■ イシューの作成

「GitHub」サイドバーの「ISSUES」にある「Create an Issue」ボタンをクリックすると、「NewIssue.md」ファイルが開きます。このファイルにタイトル、担当者（Assignees）、ラベル、本文を記述して、画面右上にある「Create Issue」ボタンをクリックするとイシューが作成されます。なお、このときタイトルの後および本文の前には空行が必要です。

図 4-4-7　イシューの作成

■ イシューの作業開始およびトピックブランチの作成

「GitHub」サイドバーの「ISSUES」にある「Start Working on Issue and Checkout Topic Branch」ボタンをクリックすると、イシューが作業開始となりトピックブランチが作成されます。作成されるブランチ名は「$|user|/issue$|issueNumber|」となっていますが、設定ID「githubIssues.issueBranchTitle」で変更できます。

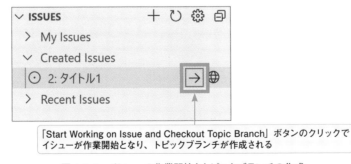

図 4-4-8　イシューの作業開始とトピックブランチの作成

　作業開始後、画面左下にある「Issue # 番号」をクリックすると、図 4-4-9 のように選択メニューが表示されます。このメニューからトピックブランチのプルリクエスト作成やイシュー作業の停止を実行できます。

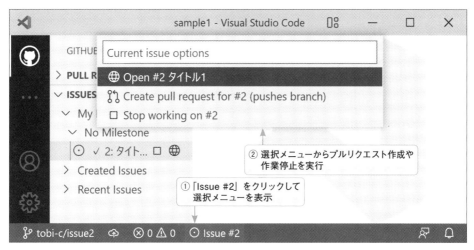

図 4-4-9　イシューの選択メニュー

■ イシューをブラウザで開く

　イシューの右側にある「Open Issue on GitHub」ボタンをクリックすると、ブラウザで作成したイシューが開きます。

■ クエリーの設定

　「GitHub」サイドバーに表示する項目は、「settings.json」に記述することで追加できます。プルリクエストの場合は設定 ID「githubPullRequests.queries」、イシューの場合は設定 ID「githubIssues.queries」です。設定項目は、表示名となる「label」と検索用のクエリー「query」の 2 つです（図 4-4-10）。

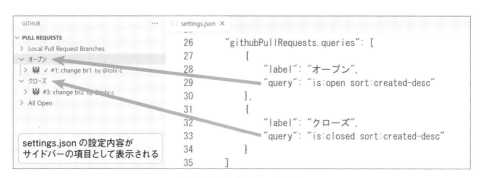

図 4-4-10　クエリーの設定

　クエリーは「"is:open sort:created-desc"」のように記述します。また、変数として「$|user|」、「$|owner|」、および「$|repository|」を使用でき、たとえば「"author:$|user| repo:$|owner|/$|repository|"」のように記述します。クエリーのより詳細な情報は、GitHub Docs（https://docs.github.com）の「Searching issues and pull requests」をご確認ください。

■ パーマリンク

　GitHub では、ソースコードの各行ごとにパーマリンクの URL が設定されています。パーマリンクを直接開く場合は、コマンドパレットで「GitHub Issues: Open Permalink on GitHub」を実行します。実行すると、図 4-4-11 のようにブラウザで GitHub の対象行の箇所が開きます。

　VSCode 上でこのパーマリンクをコピーするには、対象行にカーソルを合わせてコマンドパレットの「GitHub Issues: Copy GitHub Permalink」を実行します。

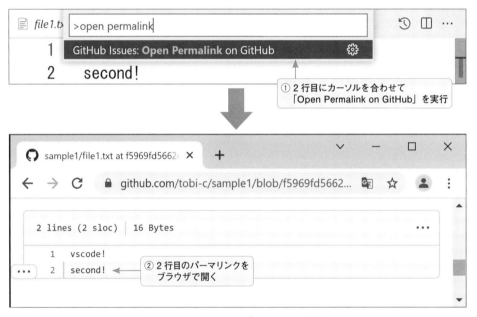

図 4-4-11　**GitHub のパーマリンクを開く**

Column	GitHub Desktop

ここまで VSCode 上での Git の使用方法について説明してきましたが、専用ツールを使うのも便利です。GUI がある専用ツールとして、GitHub が公式にリリースしている「GitHub Desktop」があります。このツールは GitHub との連携はもちろんのこと、GitHub 以外の Git リポジトリとも連携できます。

VSCode の拡張機能「Open in GitHub Desktop」（拡張機能 ID: wraith13.open-in-github-desktop）を使用すると「GitHub Desktop」と連携できます。この拡張機能をインストールすると、ステータスバー右側に項目が追加されます。そして、この項目をクリックすれば、「GitHub Desktop」で対象ファイルを即座に開くことができます。

VSCode と専用ツールのうちどちらを使用するかは、一長一短があるので一概にはいえません。目安として、同一ウィンドウや共通の UI で扱いたい場合は VSCode、異なるウィンドウや専用の UI で扱いたい場合は専用ツールが向いています。

第 **5** 章

ドキュメントとWeb

　本章では、VSCode 上での Markdown の各種機能や、HTML によるドキュメント作成方法について説明します。また、JavaScript 開発環境や Web API の開発ツールも紹介します。

5.1 | Markdown

　第 2 章では Markdown の導入として、簡単な記法やプレビュー機能などを紹介しました。本章では、より詳細な記法、拡張機能によるエクスポート、数式の記述、図形の作成などについて説明します。

5.1.1 | Markdown の記法

　Markdown は、シンプルな記法でドキュメントを作成できます。Markdown の記法は VSCode に限定した話ではありませんが、VSCode のプレビュー表示例とあわせて説明します。

■ 段落

　Markdown コード内に空行を入れると、段落が作成されます。改行が 1 つのみで空行がない場合は、図 5-1-1 の「テキスト 1 テキスト 2」のように、1 つの文として解釈します。2 つ以上の改行によって空行が存在すると、段落として扱い、次の文字からは新たな文として始まります。

■ 改行

　段落ではなく通常の改行が必要な場合は、「¥」の後に改行を入れるか、スペースを 2 つ続けた後に改行を入れます（ `macOS` `Linux` 「¥」がバックスラッシュになります）。

図 5-1-1　**Markdown の段落と改行**

■ 記号による表現

　見出しや強調などの記法は、表5-1-1のように、記号を先頭に付けたり囲んだりすることで作成します。多くの記法はスニペットにあるので、[Ctrl + Space]で入力候補を表示できます。

表 5-1-1　**Markdown の記法**

項目	スニペット	記法	対応する HTML タグ
見出し	heading	# 見出し 1 ： ###### 見出し 6	\<h1\> タグ～ \<h6\> タグ # の数が見出しのレベルを意味し、最大 6 レベルまで可能
強調	bold	** テキスト ** __ テキスト __	\<strong\> タグ
斜体	italic	* テキスト * _ テキスト _	\<em\> タグ
引用	quote	> テキスト	\<blockquote\> タグ
コード（インライン）	code	\`code\`	\<code\> タグ
コードブロック	fenced codeblock	\`\`\`lang code \`\`\`	\<code\> タグ lang: プログラミング言語名
リンク	link	[text](link) [text](link "title")	\<a\> タグ text: 表示テキスト link: リンク先 URL title: タイトル
画像	image	 ![alt](link "title")	\<img\> タグ alt: テキスト説明 link: 画像 URL title: タイトル
区切り線	horizontal rule	--- ***	\<hr\> タグ

■ リスト

　Markdown のリストは、「順序付きリスト」と「順序なしリスト」の2つが存在します。それぞれの書き方は次のとおりです。

```
# 順序付きリスト
1. first
2. second
3. third

# 順序なしリスト
- first
- second
- third
```

　リストを階層化したい場合は、先頭に空白 4 文字を追加します。階層を深くしたい場合は、さらに空白を 4 文字増やします。この階層化は、図 5-1-2 のように順序付きと順序なしを入れ子にできます。

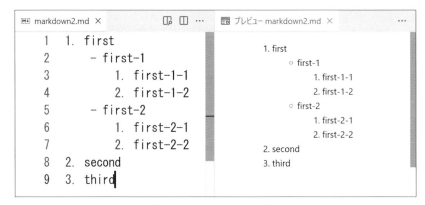

図 5-1-2　**Markdown リスト**

■ HTML タグ

　必要に応じて Markdown 内に HTML タグを使うことで特殊な表現ができます。たとえば次のとおりです。

```
# この文字は <span style="color:red;"> 赤色 </span> です。
```

　このように HTML タグ内には CSS も記載できるため、複雑な表示も行えます。

5.1.2 | HTML・PDF ファイルの作成

　Markdown は標準でプレビュー機能を搭載していますが、この機能をより活用したい場合は、他のプログラミング言語と同様に拡張機能が必要になります。Markdown プレビューの拡張機能はさまざまなものがリリースされていますが、ここでは機能が豊富な拡張機能「Markdown Preview Enhanced」（拡張機能 ID: shd101wyy.markdown-preview-enhanced）を使用した方法を紹介します。

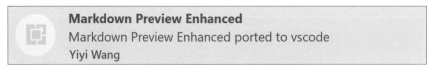

図 5-1-3　**拡張機能「Markdown Preview Enhanced」**
（拡張機能 ID: shd101wyy.markdown-preview-enhanced）

　この拡張機能をインストールすると、標準のプレビューの他にもう1つ専用のプレビューのボタンが用意されます。また、ショートカットキー［Ctrl + K］［V］（ macOS ［Cmd + K］［V］）でも拡張機能のプレビューが開くようになります。

■ HTMLの出力

　表示されたプレビュー画面から、右クリックメニューでHTMLを出力できます。出力先は、Markdownファイルと同じフォルダーです。メニューにある「HTML（offline）」と「HTML（cdn hosted）」の違いは表5-1-2のとおりです。

表 5-1-2　**HTMLの出力方式**

出力方式	説明
HTML（offline）	CSSなどのリンク先がローカルファイル。 ローカルのみで使用する場合はこちらを使用。
HTML（cdn hosted）	CSSなどのリンク先が外部ファイル（CDNのファイルを使用。表示にはネットワークが必要）。 リモートに配置する場合はこちらを使用。

■ PDFの出力

　メールなどで他の人に送る場合は、PDFで1ファイルにして出力するのがお勧めです。HTMLと同じように右クリックメニューを使用して、「Chrome（Puppeteer）」→「PDF」で出力できます。なお、このPDF出力を使用するには、Chromeのインストールが必要になります。

■ 保存時の自動出力

　ファイル保存時の自動出力などは、「YAML Front Matter」を追加することでファイルごとに設定できます。「YAML Front Matter」とは、「--」で囲んだファイル先頭のYAMLコードのことです。このYAMLコードがファイルの設定になります。コードの例は次のとおりです。

```
---
export_on_save:
  html: true
  puppeteer: true
html:
  embed_local_images: false
  embed_svg: true
  offline: false
---

# ヘッダー
テキスト
```

　プレビューを表示した状態でファイルを保存すると、自動的に HTML が出力されます。YAML Front Matter の項目内容は表 5-1-3 のとおりです。

表 5-1-3　**YAML Front Matter による設定**

1 階層目	2 階層目	説明
export_on_save	html	ファイル保存時に HTML 出力
	puppeteer	ファイル保存時に PDF 出力
html	embed_local_images	画像ファイルを base64 で HTML ファイル内に埋め込む
	embed_svg	SVG ファイルを HTML ファイル内に埋め込む
	offline	HTML ファイル出力時の出力方式を強制指定 true: HTML（offline） false: HTML（cdn hosted）

5.1.3 ｜ 数式の入力

　拡張機能「Markdown Preview Enhanced」は、数式の入力にも対応しています。標準では KaTeX によるレンダリングのため、TeX 形式の記法をサポートしています。インライン形式の場合は、「\$…\$」または「¥(…¥)」の中に数式を記述します。ブロック形式の場合は、「\$\$…\$\$」または「¥[…¥]」の中に記述します。数式の例は図 5-1-4 のとおりです。

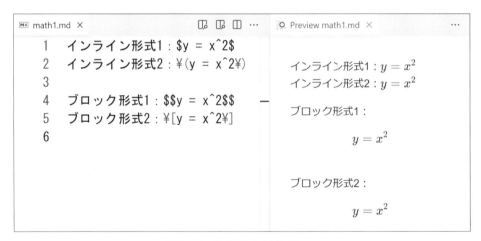

図 5-1-4　**数式の入力とプレビュー**

　KaTeX で使用できる代表的な記法を表 5-1-4 に示します。なお、より詳細な一覧は、KaTeX の公式サイト（https://katex.org/docs/supported.html）をご参照ください。

表 5-1-4　**数式の記法**

記法	説明	表示
¥gt	大なり	>
¥ge	大なりイコール	≧
¥lt	小なり	<
¥le	小なりイコール	≦
¥neq	不等号	≠
¥times	掛け算	×
¥div	割り算	÷
¥frac{2}{3}	分数	$\frac{2}{3}$
x^2	べき乗	x^2
x_2	添え字	x_2
¥sqrt{2}	平方根	$\sqrt{2}$
¥sqrt[3]{x}	べき根	$\sqrt[3]{x}$
¥vec{x}	ベクトル	$\vec{x}$

5.1.4 │ テキストベースによる図形の作成（Mermaid）

　VSCode での図形作成は、大きく分けて2つの方法があります。1つはテキスト形式の図形記述言語による作成、もう1つはマウスなどを使用した作図ツールによる作成です。まずは図形記述言語で作成する方法について解説します。

　図形記述言語の有名なツールとして「Mermaid」と「PlantUML」があります。拡張機能「Markdown Preview Enhanced」はどちらにも対応していますが、本書では、拡張機能のみで図形を表示することができる Mermaid を対象とします（PlantUML は Java や Graphviz のインストールを必要とします）。

　Markdown に Mermaid の図形を追加するには、コードブロックの開始を「```mermaid」で記述します。Mermaid で記述したシーケンス図のコードは次のとおりです。

```
# シーケンス図
```mermaid
sequenceDiagram
    A->>+B: func1
    B->>+C: func2
    C-->>-B: return
    B-->>-A: return
```
```

　このコードをプレビューで表示すると、図5-1-5のようになります。Mermaid では、他にもフローチャートやクラス図などさまざまな図形を記述することができます。詳細は公式サイト（https://mermaid-js.github.io）をご確認ください。

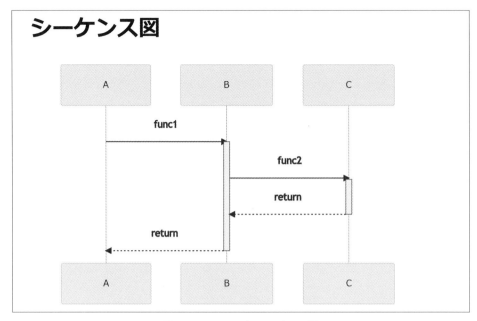

図 5-1-5　**Mermaid のシーケンス図**

5.1.5 | 作図ツールによる図形の作成（Draw.io Integration）

　自由なフォーマットで図形を作成しようとすると、図形記述言語によるテキストでは表現することが難しくなってきます。そのような図形は、拡張機能「Draw.io Integration」（拡張機能 ID: hediet.vscode-drawio）を使用して作成しましょう。

図 5-1-6　**拡張機能「Draw.io Integration」（拡張機能 ID: hediet.vscode-drawio）**

　「Draw.io Integration」は、図形作成 Web サービス「Draw.io」（diagrams.net）が公開しているオープンソース版のソフトウェアを用いて作成された拡張機能です。VSCode 上で Draw.io が動作しているかのように使用できます。この拡張機能はデフォルト設定がオフラインなので、インターネットに接続していない状況でも作図が可能です。

　拡張子「.drawio」または「.dio」の空のファイルを作成して VSCode で開くと起動します。また、拡張子「.drawio.svg」や「.drawio.png」でも同様に起動できて、SVG ファイル形式や PNG ファイル形式としても扱えます。SVG や PNG で扱うと別途エクスポート操作が不要となり、直接

Markdown に取り込むことができます。たとえば図 5-1-7 では、「Draw.io Integration」で作成したファイル「dio.drawio.svg」を Markdown の「![Flow](dio.drawio.svg)」で取り込んでいます。

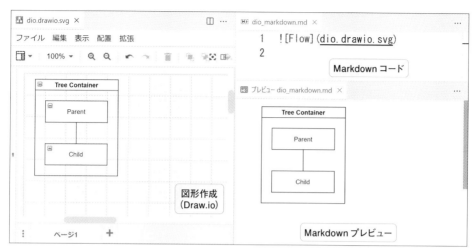

図 5-1-7 「Draw.io Integration」と Markdown

5.2 | HTML

Web のドキュメントを作成する上で、HTML は基本的な要素です。本節では、HTML の入力をサポートする機能や、入力ツール「Emmet」について説明します。

5.2.1 | 入力サポート機能

自動補完、タグ名の変更、ドキュメントのフォーマットなど、HTML の基本的な入力サポート機能を紹介します。

■ 自動補完

開始タグの「<」を入力すると、候補一覧が自動で表示されます。上下キーで入力するタグに合わせた後、[Enter] または [Tab] で確定します。「>」を入力すると、必要な終了タグが自動で入力されます。

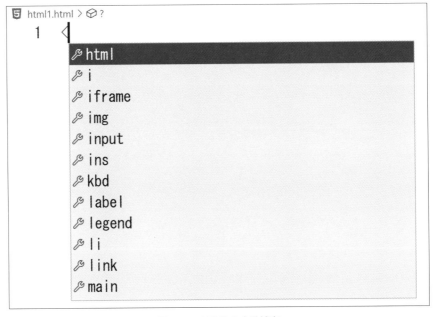

図 5-2-1　HTML の自動補完

■ カラーピッカー

style 属性にある color や background-color など、色に関係する項目にマウスカーソルを合わせると、カラーピッカーが使用できます。カラーピッカーは、色相、彩度、輝度、不透明度で色を選択できて値が変わります。また、カラーピッカーのヘッダー部分をクリックすることで、項目に入力する値の形式（rgba、hsla、#RRGGBBAA形式）を変えることができます。

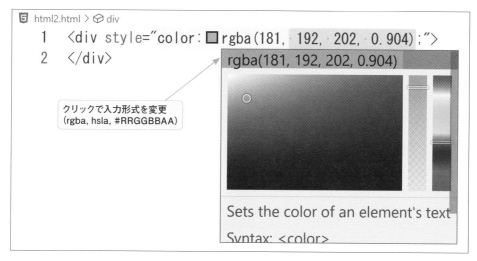

図 5-2-2　カラーピッカー

■ タグ名の変更

HTML の開始タグ名と終了タグ名をまとめて変更できます。この機能はリファクタリングの一種です。タグに合わせて［F2］を押すと、名前変更の入力欄が表示されます。その入力欄に変更後の名前を入力して［Enter］を押すと、まとめて変更されます。

プレビューで一度確認したい場合は、［Shift + Enter］を押してください。すると、パネルに「リファクタープレビュー」が表示されます。内容に問題がなければ、再度［Shift + Enter］を押すことで変更が適用されます。

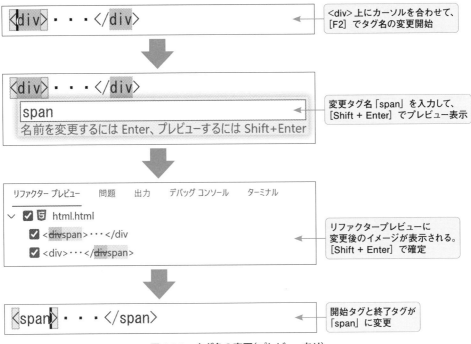

図 5-2-3　タグ名の変更（プレビューあり）

■ スマートセレクトによる拡大・縮小

　HTML や CSS では、スマートセレクトをサポートしています。この機能は、タグの途中にカーソルがあるとき、その位置からタグ全体を選択したい場合などに使用します。［Shift + Alt + 右キー］で範囲が広がり、［Shift + Alt + 左キー］で範囲が狭まります（ macOS ［Shift + Ctrl + 右キー］、［Shift + Ctrl + 左キー］）。

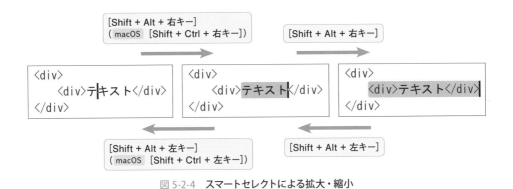

図 5-2-4　スマートセレクトによる拡大・縮小

■ ファイルパスの補完

<img> タグの src 属性や、<link> タグの href 属性などは、ローカルのファイルパスから入力候補が補完されます。

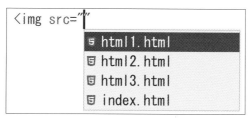

図 5-2-5　ファイルパスの補完

■ ドキュメントのフォーマット

VSCode には、HTML のフォーマットツールが標準で搭載されています。このツールを［Shift + Alt + F］（ Linux ［Shift + Ctrl + I]）で起動すると、インデントや改行を自動で整えてくれます。これは、右クリックメニューで「ドキュメントのフォーマット」を選択しても同じです。

5.2.2 | Emmet

Emmet は、簡略的な方法で HTML を入力できるツールです。たとえば「div>p」と入力してEmmet で展開すると、「<div><p></p></div>」に変換されます。VSCode では言語モードを「HTML」にすると、Emmet の入力時に自動で候補が表示されます。また、候補の表示時に［Ctrl + Space］を押すと、図 5-2-6 のように展開後の結果を確認できます。

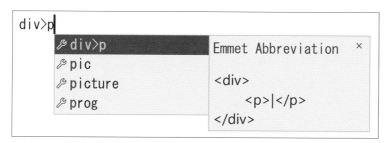

図 5-2-6　Emmet の展開（div>p）

それでは Emmet の代表的な記法を紹介します。なお、詳細なドキュメントは、Emmet の公式サイト（https://docs.emmet.io/）やチートシート（https://docs.emmet.io/cheat-sheet/）をご参照ください。

■子要素「>」

「>」の後に続くタグを子要素として扱います。

```
入力値：
    tag1>tag2
展開後：
  <tag1>
    <tag2></tag2>
  </tag1>
```

■階層の上昇「^」

「^」の後に続くタグは階層が 1 つ上がります。

```
入力値：
    tag1>tag2^tag3
展開後：
  <tag1>
    <tag2></tag2>
  </tag1>
  <tag3></tag3>
```

■同一階層「+」

「+」の後に続くタグを同じ階層にします。

```
入力値：
    tag1+tag2
展開後：
  <tag1></tag1>
  <tag2></tag2>
```

■id 属性「#」

タグ名の後ろに「#v1」を入力した場合、id 属性として v1 が追加されます。

```
入力値：
    tag1#v1
展開後：
  <tag1 id="v1"></tag>
```

タグなしで入力した場合は、div タグとして追加されます。

5.2 HTML

入力値：
```
    #v2
```
展開後：
```
    <div id="v2"></div>
```

class 属性「.」

タグ名の後ろに「.v1」を入力した場合、class 属性として v1 が追加されます。

入力値：
```
    tag1.v1
```
展開後：
```
    <tag1 class="v1"></tag1>
```

タグなしで入力した場合は、div タグとして追加されます。

入力値：
```
    .v2
```
展開後：
```
    <div class="v2"></div>
```

繰り返し「*」

タグ名の後ろに「*n」を入力した場合、n 回分、同じ内容を繰り返します。

入力値：
```
    tag1*3
```
展開後：
```
    <tag1></tag1>
    <tag1></tag1>
    <tag1></tag1>
```

アイテム番号「$」

繰り返し時に「$」を使用すると連番が振られます。

入力値：
```
    tag1#item$*3
```
展開後：
```
    <tag1 id="item1"></tag1>
    <tag1 id="item2"></tag1>
    <tag1 id="item3"></tag1>
```

■ テキスト「{ }」

タグ名の後ろに {text} と入力すると、text がタグ内のテキストとして追加されます。

入力値：
```
tag1{text}
```
展開後：
```
<tag1>text</tag1>
```

5.3 ブラウザとの連携

HTML や JavaScript の動作を確認するには、ブラウザとの連携が不可欠です。本節では、Edge や Chrome との連携方法について説明します。

5.3.1 ブラウザでのデバッグ実行

VSCode には、標準で Edge と Chrome に連携する機能が搭載されています。この連携機能を使用してブラウザでデバッグ実行をしてみましょう。

① フォルダー（またはワークスペース）を開きます。

② デバッグ対象となる「index.html」を次のコードで作成します。

```html
<html>
<body>
    <div id="id1"></div>
    <script type="text/javascript">
(function() {
    var text = "Message";
    document.getElementById("id1").textContent = text;
})();
    </script>
</body>
</html>
```

③ 「実行とデバッグ」サイドバーの「実行とデバッグ」をクリックします。

④ ブラウザを選択するダイアログが表示されます。「Chrome」または「Edge: Launch」を選択すると、デバッグ実行が開始してブラウザが起動します。ブラウザには図 5-3-1 のように「index.html」が表示されます。

図 5-3-1　**VSCode から起動したブラウザ(index.html)**

デバッグ実行が確認できたら、次はブレークポイントを設定して実行途中に値を書き換えてみましょう。ブレークポイントは、行番号の左側をクリックすることで図 5-3-2 のように設定できます。

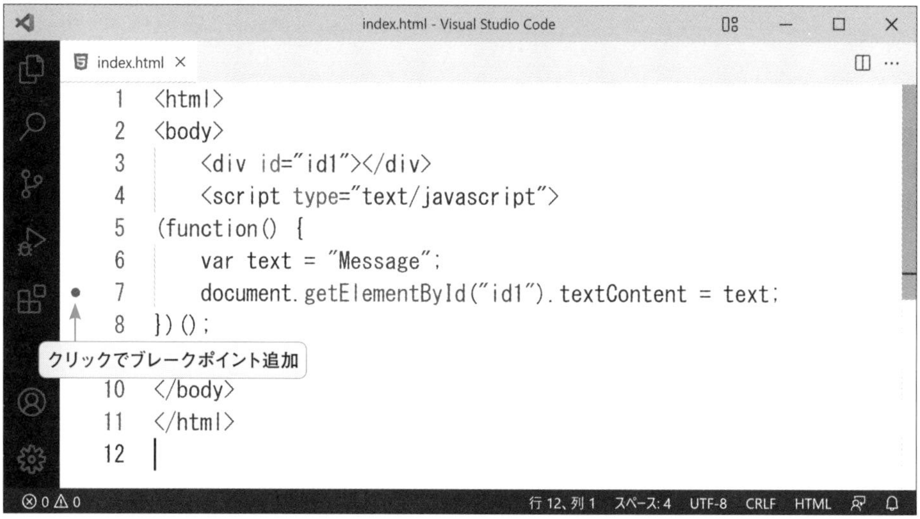

```
 1  <html>
 2  <body>
 3      <div id="id1"></div>
 4      <script type="text/javascript">
 5  (function() {
 6      var text = "Message";
 7      document.getElementById("id1").textContent = text;
 8  })();
10  </body>
11  </html>
12  |
```

クリックでブレークポイント追加

図 5-3-2　**ブレークポイントの設定**

「document.getElementById("id1").textContent = text;」の行にブレークポイントを設定してからデバッグ実行すると、図 5-3-3 のように対象行でブラウザが停止します。停止中は、VSCode 上で変数「text」の値を確認できます。この状態で text の値を 'Message' から 'Hello' に変更して「続行」ボタンをクリックすると、ブラウザにも反映されて「Hello」が表示されます。

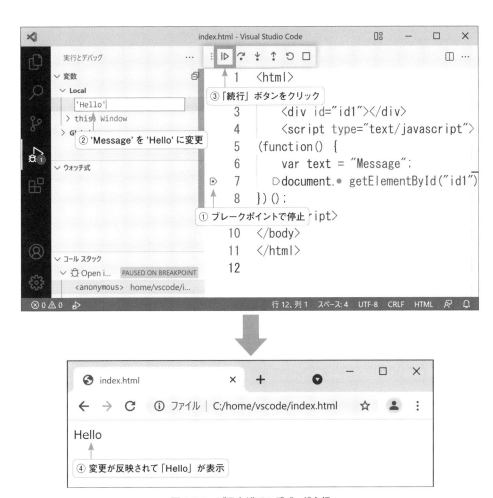

図 5-3-3 ブラウザでのデバッグ実行

5.3.2 Live Preview

　拡張機能「Live Preview」（拡張機能 ID: ms-vscode.live-server）は、VSCode 内で HTML のプレビューを表示します。このプレビュー表示はリアルタイムで更新されるため、コード変更時の確認に便利です。

図 5-3-4 拡張機能「Live Preview」（拡張機能 ID: ms-vscode.live-server）

「5.3.1 ブラウザでのデバッグ実行」で作成した「index.html」を使用してプレビューを表示してみましょう。「Live Preview」をインストール後、右クリックメニューの「Live Preview: Show Preview」を選択すると図 5-3-5 のようにプレビューが表示されます。

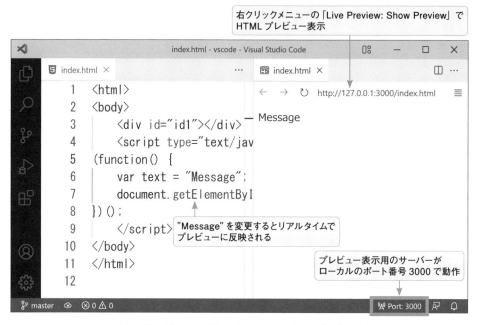

図 5-3-5　「Live Preview: Show Preview」による index.html 表示

　プレビュー表示はリアルタイムで変更を反映します。たとえば "Message" の文字列を変更すると、プレビュー表示も即時に更新されます。
　また、プレビュー表示用として、ローカルサーバーがポート番号 3000 で起動しています。このサーバーは、画面右下の「Port: 3000」をクリックして「Live Preview: Stop Server」を選択すると停止します。

5.3.3 | Microsoft Edge Tools for VS Code

　拡張機能「Microsoft Edge Tools for VS Code」（拡張機能 ID: ms-edgedevtools.vscode-edge-devtools）は、Edge の「DevTools（開発者ツール）」を VSCode で使用するものです。この拡張機能によって VSCode 内で HTML の分析などが可能になります。

図 5-3-6　拡張機能「Microsoft Edge Tools for VS Code」
（拡張機能 ID: ms-edgedevtools.vscode-edge-devtools）

■DevTools の起動

　拡張機能「Microsoft Edge Tools for VS Code」をインストールすると、図5-3-7のようにサイドバーに「Microsoft Edge Tools」が追加されます。この「Microsoft Edge Tools」の「Launch Instance」ボタンをクリックすると、Edge が別ウィンドウで開くと同時に、VSCode 内でDevTools が起動します。

　VSCode 内の開発者ツールは、開いた Edge を補足しています。これにより、VSCode 内で、Edge 内で表示している Web ページの HTML やネットワークを調査できます。

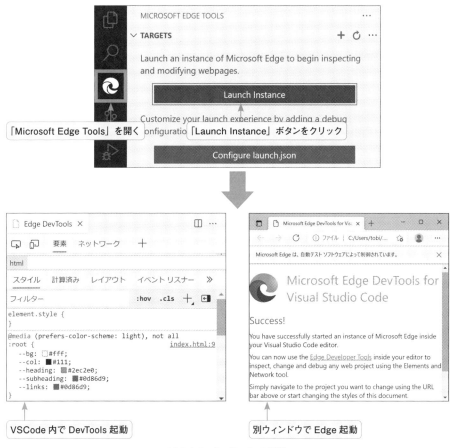

図 5-3-7　DevTools の起動

173

■ Screencast とヘッドレスモード

通常の起動方法では Edge を別ウィンドウで表示しましたが、「Screencast」と「ヘッドレスモード」を使用すると VSCode 内ですべてを表示できます。

Screencast を使用するには、図 5-3-8 のように「スクリーンキャストの切り替え」ボタンをクリックしてください。DevTools の左側にブラウザと同じ内容が表示されます。

一方、ヘッドレスモードを使用するには、設定 ID「vscode-edge-devtools.headless」を有効にした後、VSCode を再起動してください。再起動後に「Launch Instance」ボタンで起動すると、別ウィンドウで Edge が表示されなくなります。

図 5-3-8　**Screencast の表示**

5.4 Node.js

　現在、多くの JavaScript 開発は、記述したコードを直接ブラウザで実行するのではなく、一度ツールによる変換をかけています。変換する理由は、複数のファイルを 1 つに結合したい、ブラウザが対応していない関数や言語仕様を使用したいなど、さまざまです。このような複雑な変換を行うため、ブラウザなしでの JavaScript 実行・開発環境「Node.js」を導入することが一般的になっています。

　本節では、Node.js のインストールと実行、そして SPA（Single Page Application）の簡単な例として、Vue.js を使用した開発について紹介します。

5.4.1 Node.js のインストールと実行

　Windows と macOS では、Node.js の公式サイト（https://nodejs.org）からインストーラをダウンロードできます。インストーラを起動して画面に従って進めていけば、インストールは完了します。

　なお、Linux の場合は、OS のパッケージマネージャからインストールできます。次のコマンドを参考にしてください[1]。

```
# Ubuntu の場合
apt install nodejs npm
npm install -g n
n lts

# CentOS の場合
yum install nodejs npm
npm install -g n
n lts
```

　インストール後は、VSCode のターミナルで次のコマンドを入力してください。インストールしたバージョンが出力されれば完了です。

※1　OS のパッケージマネージャーの Node.js は、そのまま使用するとバージョンが古いため、後述の Vue.js などがインストールできない場合があります。その場合は「n」コマンドなどの Node.js バージョンマネージャーで最新化することをお勧めします。

```
$ node -v
v16.13.1
```

　それでは、VSCode を開いて次のコードを入力してみましょう。

```
var hello = "hello, world!";
console.log(hello);
```

　入力したコードを「app.js」ファイルに保存して［Ctrl + F5］（ macOS ［Cmd + F5］）で実行します（初回のみ実行環境の選択が必要なため「Node.js」を選択してください）。図 5-4-1 のようにデバッグコンソールで「hello, world!」が出力されたら成功です。このように、Node.js はブラウザではなくローカルのコンソール上で JavaScript を実行できます。

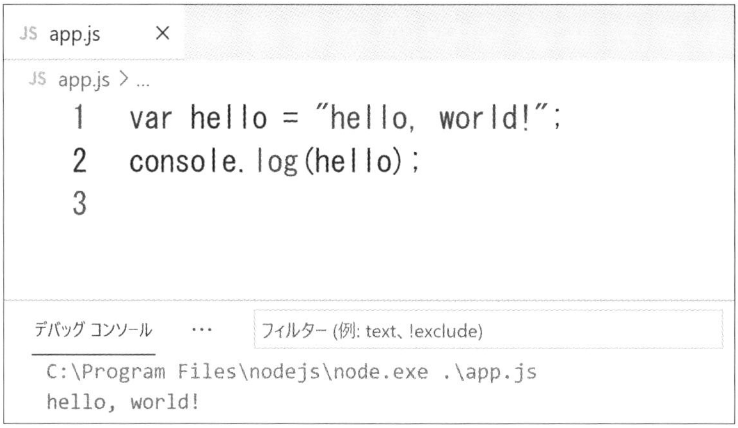

図 5-4-1　**Node.js の実行**

5.4.2 | Vue.js

　JavaScript フレームワークの例として、Vue.js での連携方法について説明します。この例では Vue.js で作成した Web アプリに対して、ブレークポイントなどのデバッグ操作ができるようになります。

■ アプリの作成

　まず初めに、Vue.js アプリを vue-cli のコマンドで作成します。ターミナルで次のコマンドを実行してください。

```
# vue/cli のインストール
npm install -g @vue/cli

# Vue.js アプリの作成
cd [ アプリを作成するフォルダー ]
npx vue create --default --bare sample-app
```

　コマンドを実行すると、sample-app フォルダーに Vue.js アプリが作成されます。VSCode で sample-app フォルダーを開いた後、コマンドパレットで「タスク：タスクの実行（Tasks: Run Task）」→「npm」→「npm: serve」→「タスクの出力をスキャンせずに実行」を選択すると Vue.js アプリの開発サーバーが起動します。起動が成功すると、ターミナルは図 5-4-2 のように表示されます。

図 5-4-2　**Vue.js アプリ開発用サーバーの起動**

　ターミナルに表示された URL（図 5-4-2 では http://localhost:8080）を［Ctrl ＋ クリック］（ macOS ［Cmd ＋ クリック]）すると、図 5-4-3 のように Vue.js アプリがブラウザで表示されます。

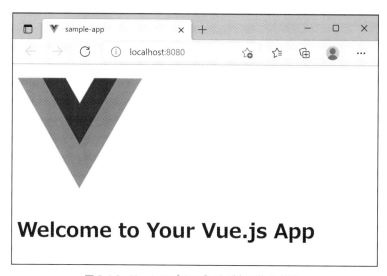

図 5-4-3　**Vue.js アプリのブラウザ表示(初期状態)**

　なお、サーバーを停止する場合はターミナル上で ［Ctrl + C］ を押します。

■ デバッグ環境の設定

　続いてデバッグ環境を設定します。sample-app フォルダー直下に「vue.config.js」ファイルを次のコードで作成してください。

```
// vue.config.js
module.exports = {
    configureWebpack: {
        devtool: 'source-map'
    }
}
```

　このコードは webpack の設定です。これによりソースマップが構築されるようになり、デバッグ時にブレークポイントの設定や変数の確認ができるようになります。

　続いて、Vue.js アプリの開発サーバーが起動中の状態で、コマンドパレットで「Debug: Open Link」→「http://localhost:8080」を実行してください（http://localhost:8080 には起動中のサーバーの URL を入力してください）。デバッグ実行が開始します。

　より詳細なデバッグ設定は、公式サイト（https://v3.ja.vuejs.org/cookbook/debugging-in-vscode.html）をご参照ください。

5.5 Web API

Vue.js などで作成される SPA（Single Page Application）は、Web API を通してサーバーサイドとデータ通信を行います。Web API は JSON 形式で行うことが主流です。本節では、拡張機能を使用して、JSON 形式のデータ送受信を VSCode 上で行います。

5.5.1 | REST Client

拡張機能「REST Client」（拡張機能 ID: humao.rest-client）や拡張機能「Thunder Client」（拡張機能 ID: rangav.vscode-thunder-client）は、サーバーサイドとのさまざまなデータ通信方式をサポートしています。REST Client はテキストベース、Thunder Client は GUI ベースでの操作になります。本書では REST Client を使用した操作方法について説明します。

図 5-5-1　拡張機能「REST Client」（拡張機能 ID:humao.rest-client）

「REST Client」をインストールしたら、次のコードで「example.http」ファイルを作成してください。

```
GET http://example.com
```

この内容を記述すると、画面上部に「Send Request」のリンクが表示されます。このリンクをクリックすると HTTP 通信が実行されて、図 5-5-2 のようにレスポンス結果が表示されます。

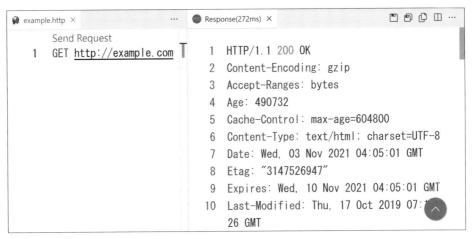

図 5-5-2　「REST Client」の実行結果

この「Send Request」は、言語モードが「HTTP」であれば表示されます。デフォルトでは拡張子が「.http」または「.rest」のとき、「HTTP」言語モードになります。

1つのファイルに複数リクエストを書きたい場合は、「###」で区切ることができます。「###」を使用した場合のコードは次のとおりです。

```
GET http://example.com
###
GET http://example.com/2
###
POST http://example.com/3
```

右クリックメニューの「Copy Request AS cURL」により、同じ内容の curl コマンドをコピーできます。cURL は、macOS や多くの Linux に標準でインストールされている HTTP クライアントです。Shell で実行する場合は、この curl コマンドをもとにすると便利です。

5.5.2 | JSON の送受信

JSON 形式によるデータ送受信は Web API でよく使用される方式であり、「REST Client」でも実行できます。この方式を試すために、Python で Web API 用サーバーを起動しましょう。まずは Web API 用サーバーの次のコードをファイル名「json_server.py」で作成します。

```python
from wsgiref.simple_server import make_server
import json


def simple_app(environ, start_response):
    ret = {}
    if environ['REQUEST_METHOD'] == "POST":
        wsgi_input = environ['wsgi.input']
        content_length = int(environ["CONTENT_LENGTH"] or 0)
        data = json.loads(wsgi_input.read(content_length))
        ret = {'message': 'Hello, ' + data['name']}

    headers = [
        ('Content-type', 'application/json; charset=utf-8'),
        ('Access-Control-Allow-Origin', '*'),
        ('Access-Control-Allow-Methods', 'POST'),
        ('Access-Control-Allow-Headers', 'Content-Type'),
    ]
    start_response('200 OK', headers)
    return [json.dumps(ret).encode()]


httpd = make_server('', 8000, simple_app)
httpd.serve_forever()
```

このコードは、8000 ポートで POST メソッドの HTTP リクエストを受け付けます。ファイル
を作成したら、［Ctrl＋F5］または右上の実行ボタンで HTTP サーバーを起動します。

　続いてクライアント側のファイルを用意します。Rest Client 用の次のコードをファイル名
「json.http」で作成してください。

```
POST http://localhost:8000
content-type: application/json

{"name": "vscode"}
```

　このコードで「Send Request」を実行すると、サーバーと通信して図 5-5-3 のように「Hello,
vscode」と表示されます。このように、ファイルに記述した JSON データを HTTP リクエストに
追加して送信できます。

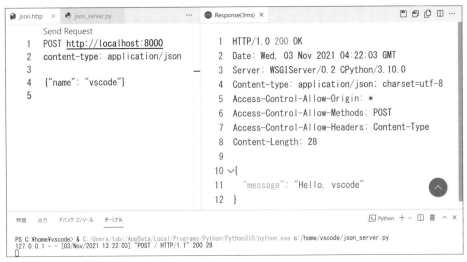

図 5-5-3　JSON によるデータ送受信

5.5.3 | OpenAPI Specification

　OpenAPI Specification（以下、OpenAPI）とは、Restful な Web API のインターフェース仕様の記述方法を定めたものです。インターフェース仕様の書き方が決まることでプログラムから容易に JSON を読み込めるようになり、ドキュメント生成や仕様チェックなどのツールも作成されるようになりました。

　もともとは Swagger と呼ばれており、version 3 のときに OpenAPI という名前に変わりました。こうした経緯から、今でも Swagger の名前が付いているツールがあります。

　VSCode にも OpenAPI に対応した拡張機能が存在します。たとえば拡張機能「OpenAPI（Swagger）Editor」（拡張機能 ID: 42crunch.vscode-openapi）は、自動補完などで入力機能をサポートしています。

図 5-5-4　拡張機能「OpenAPI（Swagger）Editor」（拡張機能 ID: 42crunch.vscode-openapi）

　この拡張機能をインストールしたら、「openapi.yaml」を作成して次のように入力してみましょう。

```
openapi: 3.0.0
```

この行を入力した後でアクティビティバーの「OpenAPI」ボタンをクリックすると、サイドバーに項目一覧と追加用メニューが表示されます。追加用メニューを使用すると各項目のテンプレートが入力されます。

図 5-5-5　「OpenAPI(Swagger) Editor」による項目の追加

続いて拡張機能「Swagger Viewer」（拡張機能 ID: arjun.swagger-viewer）を見てみます。この拡張機能は、YAML 形式または JSON 形式で記述した OpenAPI ファイルをドキュメントとしてプレビューできます。

図 5-5-6　拡張機能「Swagger Viewer」（拡張機能 ID: arjun.swagger-viewer）

このプレビューは、仕様に即した HTTP クライアントとして実行することもできます。先ほど作成した「openapi.yaml」を変更して、次のコードを記述してください。

```
openapi: 3.0.0
info:
  title: Hello API
  version: "1.0.0"
servers:
  - url: 'http://localhost:8000'
components:
  schemas:
    HelloReq:
      type: object
      properties:
        name:
          type: string
    HelloRes:
      type: object
      properties:
        message:
          type: string
paths:
  /:
    post:
      operationId: hello
      requestBody:
        content:
          application/json:
            schema:
              $ref: "#/components/schemas/HelloReq"
            examples:
              vscode:
                value: {"name": "vscode"}
      responses:
        default:
          description: hello message
          content:
            application/json:
              schema:
                $ref: "#/components/schemas/HelloRes"
```

　上記のコードは、「5.5.2 JSON の送受信」で扱った「json_server.py」の仕様を書き表したものです。「Swagger Viewer」のプレビュー機能「Preview Swagger」をコマンドパレットで実行すると、ドキュメントが表示されます。「json_server.py」を起動した上で図 5-5-7 のように「POST /」→「Try it out」→「Execute」の順番でクリックすると、HTTP の送受信が実行されて図 5-5-8 のようにレスポンス結果を確認することができます。

POST /
①「POST /」をクリック
Parameters
②「Try it out」をクリック
Try it out
Examples:
vscode
{
"name": "vscode"
}
③「Execute」をクリックして送受信開始
Execute

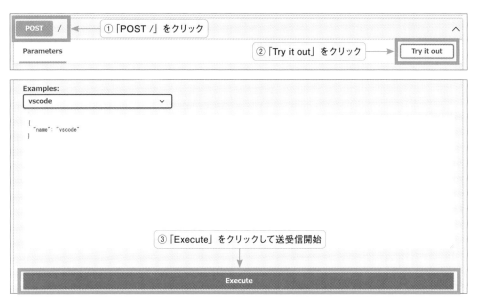

図 5-5-7 「Swagger Viewer」での「Preview Swagger」のリクエスト実行

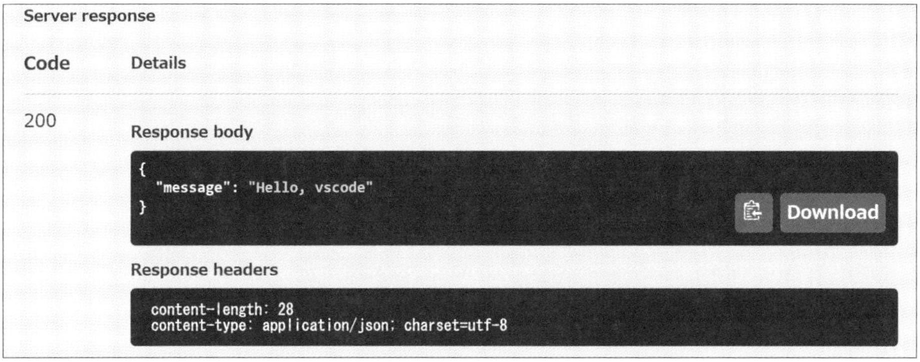
Server response
Code
Details
200
Response body
{
"message": "Hello, vscode"
}
Download
Response headers
content-length: 28
content-type: application/json; charset=utf-8

図 5-5-8 「Swagger Viewer」でのレスポンス結果

| Column | Electron |

Electron とは、ブラウザ Chromium と JavaScript 実行環境 Node.js を組み合わせたアプリ作成用のフレームワークです。HTML や JavaScript などの Web 技術を使用して、OS 上のデスクトップアプリを作成できます。このフレームワークは、Windows、macOS、Linux のクロスプラットフォームで動作するのも特徴です。

VSCode もこの Electron 上で構築されており、クロスプラットフォームの実現などに役立っています。また、拡張機能の実装が JavaScript であることや、Markdown プレビューが標準で搭載されていることは、内部にブラウザ Chromium を持つ Electron を採用したからともいえます。

Electron 上で構築されたアプリは、他にも GitHub Desktop、Atom、Slack などがあります。OS 独自の GUI フレームワークに比べると普及した Web 技術で開発できるため、今後もさまざまなアプリで使用されることでしょう。

第**6**章

Pythonによる
プログラミング

本章では、VSCode による本格的な Python プログラミング開発環境として、基本的な操作、デバッガやテストの実行、Jupyter Notebook の使い方などを説明します。

6.1 コードの参照・記述

　ソフトウェアの開発を行う際、コードの参照と記述に多くの時間を要します。本節では、VSCode 上でこれらの操作を効率的に行う方法について紹介します。

　本章の内容は Python で記述していますが、基本的に他のプログラミング言語でも同様です。なお、ここでは拡張機能「Python」（拡張機能 ID: ms-python.python）のインストールを前提としています。

6.1.1 変数および関数の参照・移動

　変数名や関数名などは、「シンボル」と呼ばれることがあります。本項では、シンボルの定義箇所への移動方法や情報の表示方法について説明します。

■ 定義へ移動

　変数や関数などのシンボルにカーソルを合わせた状態で［F12］を押すと、図 6-1-1 のように定義箇所に移動します。なお、マウスで変数を［Ctrl + クリック］（ macOS ［Cmd + クリック］）、または右クリックメニューで［定義に移動］を選択しても、同様に定義箇所に移動します。

　移動先の定義箇所から元の場所に戻りたい場合は、［Alt + 左キー］（ Linux ［Ctrl + Alt + -]、macOS ［Ctrl + -]）で移動します。戻った後、再び定義箇所に移動したい場合は、［Alt + 右キー］（ Linux ［Shift + Ctrl + \]、macOS ［Ctrl + _]）を押します。

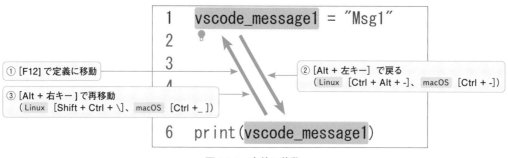

図 6-1-1　定義へ移動

■ 定義を横のエディターに開く

シンボルにカーソルを合わせた状態で［Ctrl + K］［F12］（ macOS ［Cmd + K］［F12］）を押すと、図6-1-2のように定義箇所が横のエディターに表示されます。なお、マウスで変数を［Ctrl + Alt + クリック］（ macOS ［Cmd + Option + クリック］）しても、同様に表示されます。

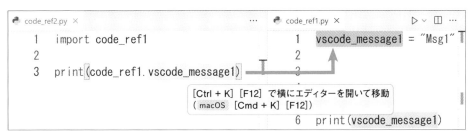

図 6-1-2　定義を横のエディターに開く

■ ピークによる定義表示

ピークとは、対象行のすぐ下に情報を表示する機能です。シンボルにカーソルを合わせた状態で［Alt + F12］を押すと、図6-1-3のように定義情報がピークにより表示されます（ Linux ［Shift + Ctrl + F10］、 macOS ［Option + F12］）。右クリックメニューの「ピーク」→「定義をここに表示」でも同様に表示されます。表示された情報は、［Esc］または画面右上の「×」ボタンで閉じます。

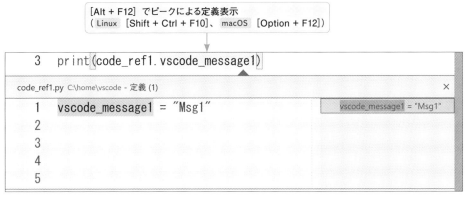

図 6-1-3　ピークによる定義表示（定義をここに表示）

■ 定義情報のホバー表示

　マウスカーソルをシンボルに合わせると、図 6-1-4 のように定義情報がホバー表示されます。キーボードでカーソルを合わせて［Ctrl + K］［Ctrl + I］(　macOS　［Cmd + K］［Cmd + I］）を押しても、同様に表示されます。マウスの場合は、［Ctrl］を押すと、さらに詳細な情報が表示されます。

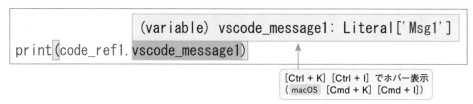

図 6-1-4　定義情報のホバー表示

■ ピークによる参照一覧の表示

　定義箇所のシンボルにカーソルを合わせた状態で［Shift + F12］を押すと、参照一覧が図 6-1-5 のようにピークにより表示されます。右クリックメニューの「参照へ移動」でも同様に表示されます。続けて［F12］を押すと次の参照に移動し、［Shift + F12］で 1 つ前の参照に戻ります。

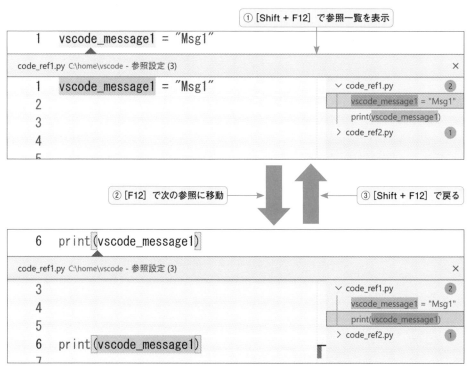

図 6-1-5　ピークによる参照一覧の表示

■ 参照一覧をサイドバーに表示

シンボルにカーソルを合わせた状態で右クリックメニューの「Find All References」（または［Shift + Alt + F12］（ macOS ［Shift + Option + F12］））を選択すると、参照一覧がサイドバーに表示されます（図6-1-6）。続けて［F4］を押すと次の参照に移動し、［Shift +F4］で1つ前の参照に戻ります。

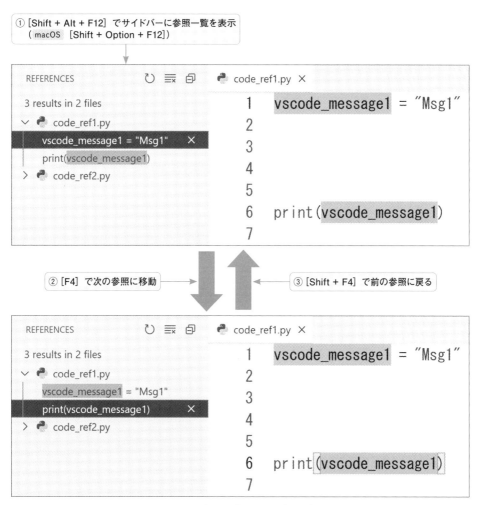

図 6-1-6　参照一覧をサイドバーに表示

■ ファイル内のシンボルに移動

　［Shift + Ctrl + O］（ macOS ［Shift + Cmd + O］）を押すと、ファイル内のシンボル一覧が図
6-1-7 のように表示されます。一覧からシンボルを選択して［Enter］を押すと、シンボルの定義箇
所に移動します。なお、［Ctrl + Enter］を押した場合は、横にエディターが開きます。

　ファイル内のシンボル一覧は、クイックオープン（［Ctrl + P］、 macOS ［Cmd + P］）の後に
「@」を入力しても同様の表示になります。

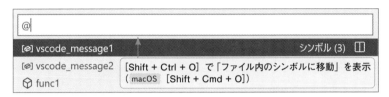

図 6-1-7　ファイル内のシンボルに移動

■ ワークスペース内のシンボルに移動

　シンボルにカーソルを合わせた状態で［Ctrl + T］（ macOS ［Cmd + T］）を押すと、ワークス
ペース内（またはフォルダー内）のシンボルを図 6-1-8 のように検索できます。なお、この機能を
使用するには、ワークスペースが開いている必要があります。

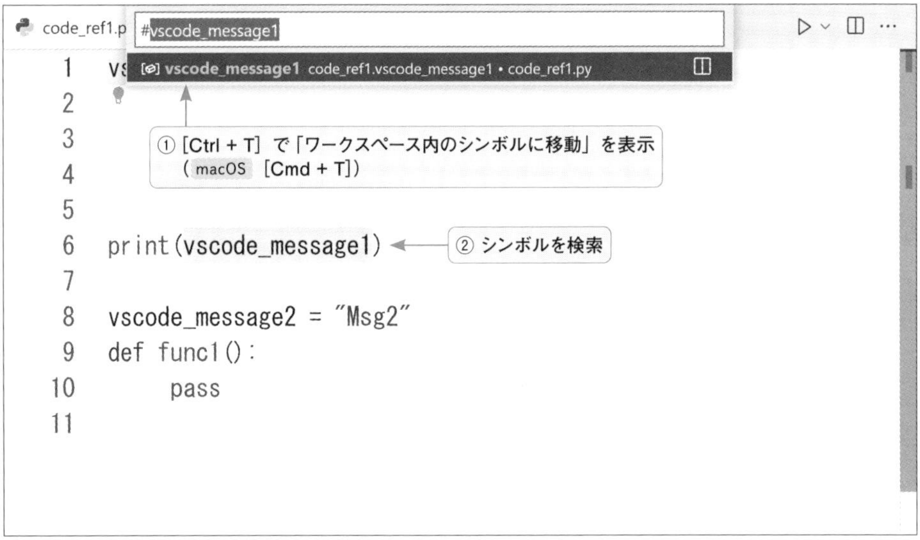

```
code_ref1.p    #vscode_message1
 1   vs    vscode_message1 code_ref1.vscode_message1 • code_ref1.py
 2
 3         ① [Ctrl + T] で「ワークスペース内のシンボルに移動」を表示
 4            ( macOS  [Cmd + T])
 5
 6   print(vscode_message1) ◄─  ② シンボルを検索
 7
 8   vscode_message2 = "Msg2"
 9   def func1():
10        pass
11
```

図 6-1-8　ワークスペース内のシンボルに移動

■ 呼び出し階層のプレビュー

　関数のシンボルにカーソルを合わせた状態で右クリックメニューの「ピーク」→「呼び出し階層のプレビュー」を選択すると、呼び出し階層が図 6-1-9 のように表示されます。

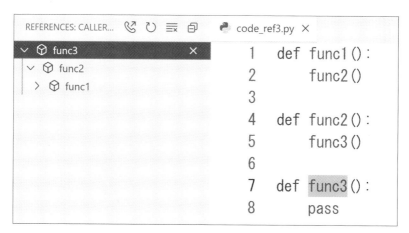

図 6-1-9　呼び出し階層のプレビュー

■ 呼び出し階層のサイドバー表示

　関数のシンボルにカーソルを合わせた状態で［Shift + Alt + H］（ macOS ［Shift + Option + H］）を押すと、呼び出し階層が図 6-1-10 のようにサイドバーに表示されます。右クリックメニューの「Show Call Hierarchy」でも同様に表示されます。

```
REFERENCES: CALLER...
∨ ⬡ func3                    ×      1    def func1():
  ∨ ⬡ func2                          2        func2()
    > ⬡ func1                        3
                                     4    def func2():
                                     5        func3()
                                     6
                                     7    def func3():
                                     8        pass
```

図 6-1-10　呼び出し階層のサイドバー表示

　このように、VSCode にはさまざまな参照方法や移動方法があります。本項で説明した機能のショートカットキーを表 6-1-1 にまとめていますので、ご確認ください。

表 6-1-1　**参照・移動のショートカットキー**

操作	Windows / Linux	macOS
定義へ移動	[F12] または [Ctrl + クリック]	[F12] または [Cmd + クリック]
元の場所に戻る	Windows：[Alt + 左キー] Linux：[Ctrl + Alt + -]	[Ctrl + -]
再移動	Windows：[Alt + 右キー] Linux：[Shift + Ctrl + \]	[Ctrl + _]
定義を横のエディターに開く	[Ctrl + K] [F12] または [Ctrl + Alt + クリック]	[Cmd + K] [F12] または [Cmd + Option + クリック]
ピークによる定義表示	Windows：[Alt + F12] Linux：[Shift + Ctrl + F10]	[Option + F12]
定義情報のホバー表示	[Ctrl + K] [Ctrl + I]	[Cmd + K] [Cmd + I]
ピークによる参照一覧の表示	[Shift + F12]	[Shift + F12]
ピーク表示の参照一覧で次の参照に移動	[F12]	[F12]
ピーク表示の参照一覧で前の参照に移動	[Shift + F12]	[Shift + F12]
参照一覧をサイドバーに表示	[Shift + Alt + F12]	[Shift + Option + F12]
参照一覧サイドバーで次の参照に移動	[F4]	[F4]
参照一覧サイドバーで前の参照に移動	[Shift + F4]	[Shift + F4]
ファイル内のシンボルに移動	[Shift + Ctrl + O]	[Shift + Cmd + O]
ワークスペース内のシンボルに移動	[Ctrl + T]	[Cmd + T]
呼び出し階層のサイドバー表示	[Shift + Alt + H]	[Shift + Option + H]

6.1.2 | IntelliSense（コード補完・パラメーターヒント）

　IntelliSense は、コード補完やパラメーターヒントなど、さまざまなコード編集を支援する機能です。これは、もともと Visual Studio の機能ですが、VSCode にも組み込まれています。

■ クイック候補によるコード補完

　クイック候補とは、図 6-1-11 のようにコードの入力途中で自動表示される補完項目のことです。表示された候補は上下キーで選択して [Enter] または [Tab] で確定します。

　クイック候補を手動で表示したい場合は [Ctrl + Space] を押してください。また、詳細な情報を表示させたい場合は、さらに [Ctrl + Space] を押してください。macOS では [Ctrl + Space] が使用できない場合、[Option + Esc] でも実行できます。

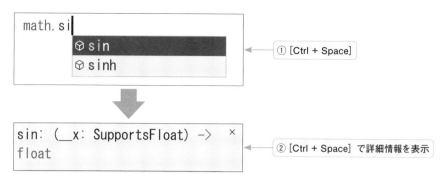

図 6-1-11 クイック候補によるコード補完

　クイック候補（自動表示）の設定は、設定 ID「editor.quickSuggestions」で行います。settings.json での設定例は次のとおりです。デフォルトではコメントと文字列が無効になっており、その他は通常、有効になっています。

```
"editor.quickSuggestions": {
    "other": true,
    "comments": false,
    "strings": false
}
```

■Tab キーによるコード補完

　クイック候補を表示しなくても、［Tab］の入力のみで図 6-1-12 のようにコードを補完することができます。さらに続けて［Tab］を入力すると、別の候補に入れ替わります。

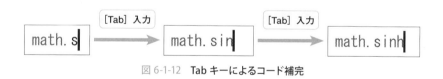

図 6-1-12 Tab キーによるコード補完

　この Tab キーによるコード補完はデフォルトで無効になっています。有効にする場合は、設定ID「editor.tabCompletion」を「on」に変更します。

■パラメーターヒント

　パラメーターヒントは、関数の引数の型や説明などを示してくれる機能です。関数の括弧やカンマを入力したときに、自動で図 6-1-13 のように表示されます。また、［Shift + Ctrl + Space］（ macOS ［Shift + Cmd + Space］）でも表示できます。

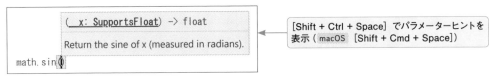

図 6-1-13　パラメーターヒント

■ 言語サーバー（Language Server）

ここまで紹介した IntelliSense の機能は、言語サーバーを通じて提供されています。VSCode で設定できる Python の言語サーバーとして、次の 2 つがあります。デフォルトの設定は Pylance です。

・Pylance

Microsoft が作成した言語サーバーであり、型ヒントなどを使用した新しい実装です。Pylance の特徴として、型の情報を利用してコード補完や型チェックを行います。

・Jedi

自動補完・静的解析ツール「Jedi」による言語サーバーです。

Column　**Language Server Protocol（LSP）**

VSCode のコード補完などの機能は、言語サーバーによって実現しています。コード補完を行う場合、VSCode 側がファイルパスや位置情報などを送信して、言語サーバー側が補完候補を返します。この VSCode と言語サーバー間の通信は、Language Server Protocol（以下、LSP）という規格を使用しています。

LSP の原型になった言語サーバーを用いるツールとして OmniSharp が存在します。OmniSharp は、エディターとは言語サーバーで分離した作りになっています。この分離によってエディター側への依存が減り、言語サーバーに機能を集約できるようになりました。

Microsoft でも同じような方式の TypeScript 言語サーバーを開発していました。初めの頃は OmniSharp との互換性がなかったため、共通の通信方法として LSP が規格化されました。現在では VSCode や OmniSharp をはじめ、さまざまなエディターや言語サーバーが LSP で通信可能になっています。

6.1.3 自動整形ツール

コーディング規約に沿ってコードを記述するのは、何かと労力がかかります。その労力を削減するために、自動でコードを整形するツールが各プログラミング言語に実装されることが多くなってきました。

自動整形ツールは Python にもいくつか実装されており、VSCode 上から使用できます。具体的には、「autopep8」、「black」、「yapf」の 3 種類が使用可能です。設定 ID は「python.formatting.provider」で、デフォルトは autopep8 になっています。

VSCode 上でツールを使用するには、「選択範囲のフォーマット」と「ファイルのフォーマット」の 2 つの方法があります。また、インポートの順番も整理することができます。フォーマットのコマンドは、表 6-1-2 のとおりです。

表 6-1-2　フォーマットのコマンド

コマンド名	Windows	macOS	Linux
選択範囲のフォーマット	[Ctrl + K] [Ctrl + F]	[Cmd + K] [Cmd + F]	[Ctrl + K] [Ctrl + F]
ファイルのフォーマット	[Shift + Alt + F]	[Shift + Option + F]	[Shift + Ctrl + I]
インポートの順番を整理	[Shift + Alt + O]	[Shift + Option + O]	[Shift + Alt + O]

自動整形ツールが未インストールの場合、実行時に画面右下のダイアログからインストールが促されます。このダイアログの「install」ボタンをクリックすると、インストールされて実行されます。

また、ツールの自動実行の設定は、表 6-1-3 のとおりです。特にファイル保存時のフォーマットは、手動実行の手間がなくなり快適なので試してみてください。

表 6-1-3　自動実行の設定

設定 ID	設定値	説明
editor.formatOnSave	true	ファイル保存時にフォーマットする
	false	ファイル保存時にフォーマットしない（デフォルト）
editor.formatOnPaste	true	貼り付け（ペースト）時にフォーマットする
	false	貼り付け（ペースト）時にフォーマットしない（デフォルト）
editor.formatOnType	true	エディターに入力した後、フォーマットする
	false	エディターに入力した後、フォーマットしない（デフォルト）

6.1.4 | Lint

　Lint は、コードの文法やスタイルなどをチェックするツールです。これは、Python のようなコンパイルを行わない言語において、実行前の文法チェックとして役立ちます。設定 ID「python.linting.pylintEnabled」を true にすると Python の Lint ツールである「Pylint」が有効になります。Pylint そのものが未インストールの場合、画面右下に表示されるダイアログからインストールできます。

■ Lint の実行

　Lint は、ファイル保存時に実行されます。この他、コマンドパレットの「Python: Run Linting」でも実行できます。Lint は、文法エラーを発見するとエラー箇所に下線を引いて、そのエラー内容を図 6-1-14 のように「問題」パネルに出力します。「問題」パネルを開閉するには、[Ctrl + Shift + M]（ macOS [Shft + Cmd + M]）を押してください。

図 6-1-14　Lint による「問題」パネルのエラー表示

　VSCode 上で Pylint を実行しても、すべてのチェックが表示されるわけではありません。Pylint はエラー（E）と致命的エラー（F）、そして一部の警告（W）のみをチェックします。このチェックにより、コーディングスタイル違反などの情報が図 6-1-15 のように表示されます。

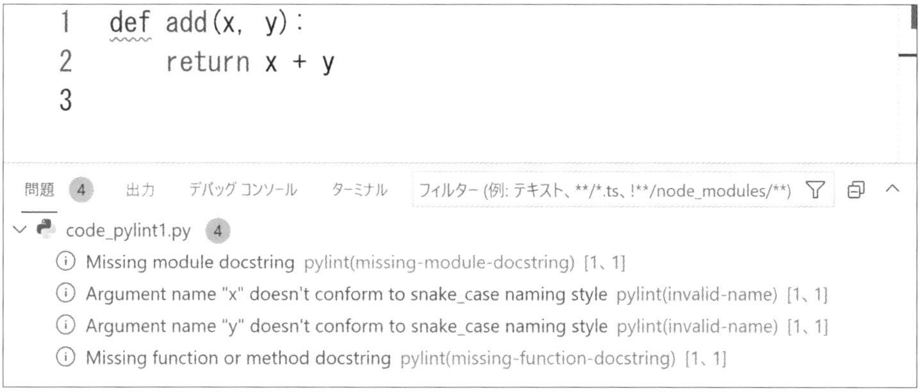

```
1   def add(x, y):
2       return x + y
3
```

問題　④　　出力　　デバッグ コンソール　　ターミナル　　フィルター (例: テキスト、**/*.ts、!**/node_modules/**)

∨ 🐍 code_pylint1.py　④
　ⓘ Missing module docstring pylint(missing-module-docstring) [1、1]
　ⓘ Argument name "x" doesn't conform to snake_case naming style pylint(invalid-name) [1、1]
　ⓘ Argument name "y" doesn't conform to snake_case naming style pylint(invalid-name) [1、1]
　ⓘ Missing function or method docstring pylint(missing-function-docstring) [1、1]

図 6-1-15　Pylint のエラー（python.linting.pylintUseMinimalCheckers = false）

■ Pylint の設定

　細かなルールの有効／無効化を設定したい場合は、「python.linting.pylintArgs」に pylint コマンドの引数を設定するか、ワークスペースに「pylintrc」ファイル（または「.pylintrc」ファイル）を作成します。pylintrc のテンプレートは次のコマンドで作成できます。

```
# macOS, Linux の場合
pylint --generate-rcfile > pylintrc

# Windows (PowerShell) の場合
py -3 -m pylint --generate-rcfile | Out-File -Encoding utf8 pylintrc

# Windows (コマンドプロンプト) の場合
py -3 -m pylint --generate-rcfile > pylintrc
```

　生成された pylintrc ファイルの「disable」に無効化したいコードを追加すれば、チェック対象から除かれます。

■ その他の Lint

　拡張機能「Python」は、Pylint 以外にも Flake8 や mypy などのさまざまな Lint ツールに対応しています。設定画面から「python.linting enabled」で検索すると、図 6-1-16 のように対応する Lint ツールが確認できます。

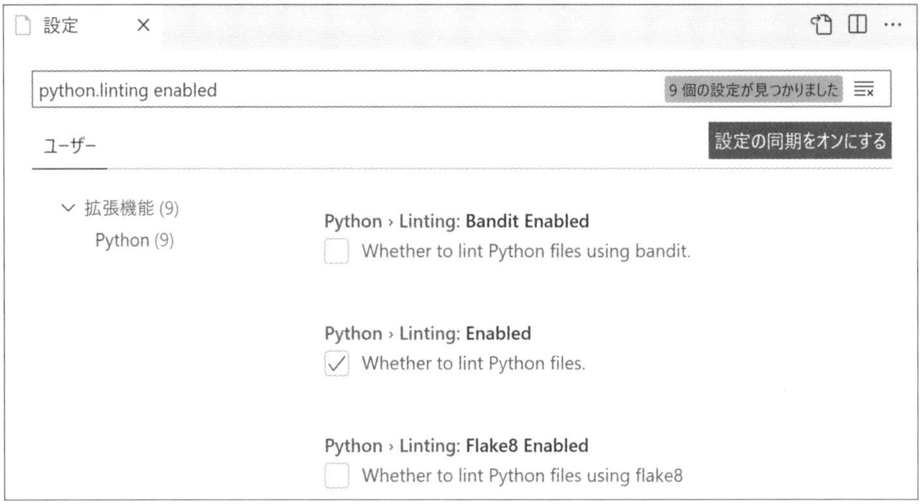

図 6-1-16　その他の Lint

6.1.5 | 型ヒントと型チェック

　Python は動的言語であり、以前はコード上に型を記述することができませんでした。しかし、Python3.5 から「型ヒント」が追加されて、型の記述やチェックが可能になりました。この型チェックは、Pylance や Lint ツールの mypy を使って行うことができます。

　JavaScript（TypeScript）や Ruby なども後から型を記述できるようになった動的言語です。これらの言語でも拡張機能による型チェックが可能です。

■ Pylance による型チェック

　デフォルトの状態では型チェックをしないため、設定 ID「python.analysis.typeCheckingMode」を「basic」に設定してください。設定後、次のコードの型チェックをしてみましょう。

```
def add(x: int, y: int) -> int:
    return x + y


s = add("hello, ", "world")
print(s)
```

　このコードを入力すると、図 6-1-17 のように「s = add("hello, ", "world")」の引数でエラーが出力されます。

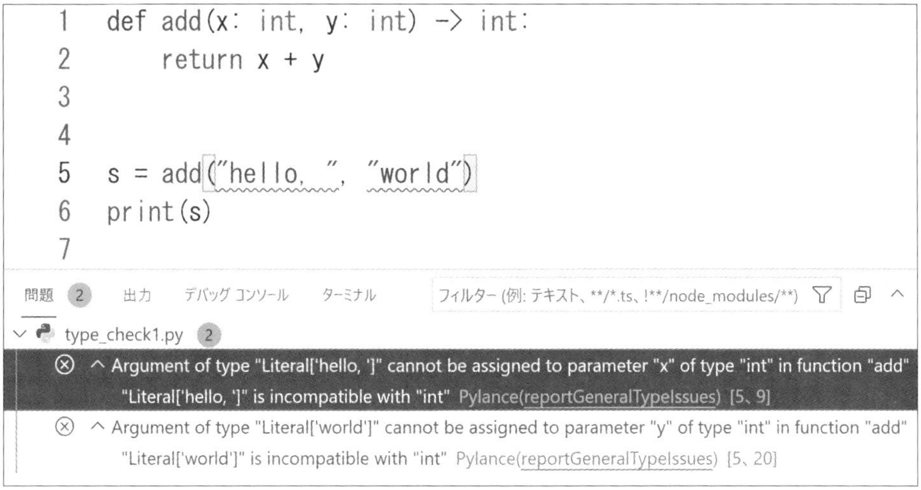

```
1   def add(x: int, y: int) -> int:
2       return x + y
3
4
5   s = add("hello, ", "world")
6   print(s)
7
```

問題 ② 出力 デバッグ コンソール ターミナル フィルター (例: テキスト、**/*.ts、!**/node_modules/**)

∨ type_check1.py ②

⊗ ∧ Argument of type "Literal['hello, ']" cannot be assigned to parameter "x" of type "int" in function "add"
"Literal['hello, ']" is incompatible with "int" Pylance(reportGeneralTypeIssues) [5、9]

⊗ ∧ Argument of type "Literal['world']" cannot be assigned to parameter "y" of type "int" in function "add"
"Literal['world']" is incompatible with "int" Pylance(reportGeneralTypeIssues) [5、20]

図 6-1-17　**Pylance による型チェック**

このエラーが発生したのは、add 関数に記述した型（int）と実際に渡した引数の型（文字列）が不一致だからです。

なお、このコードは、型チェックがなければ正常なコードとして扱われます。Python の型チェックは、実行そのものに影響しません。実行すると「hello, world」が出力されます。

■ mypy による型チェック

mypy を有効にするには「python.linting.mypy」を true に設定してください。なお、mypy 自体が未インストールの場合は、画面右下のダイアログからインストールが促されます。インストール後に Lint を実行すると、図 6-1-18 のように mypy によるエラーが出力されます。

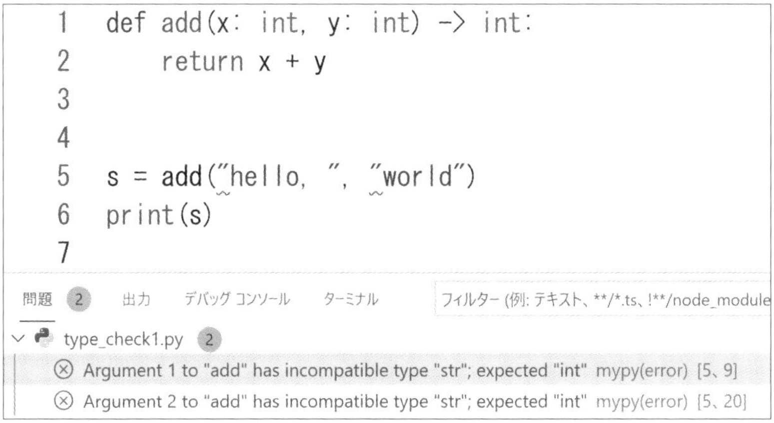

```
1   def add(x: int, y: int) -> int:
2       return x + y
3
4
5   s = add("hello, ", "world")
6   print(s)
7
```

問題 ② 出力 デバッグ コンソール ターミナル フィルター (例: テキスト、**/*.ts、!**/node_module

∨ type_check1.py ②

⊗ Argument 1 to "add" has incompatible type "str"; expected "int" mypy(error) [5、9]

⊗ Argument 2 to "add" has incompatible type "str"; expected "int" mypy(error) [5、20]

図 6-1-18　**mypy による型チェックのエラー**

6.1.6 | スニペットの作成と実行

　第2章では、あらかじめ用意されていたスニペットの入力方法について紹介しました。ここでは、ユーザー独自のスニペット作成などについて説明します。

■ スニペットファイルの作成

　ユーザー用のスニペットは、JSON 形式で記述したファイルを用いて作成します。ファイルの作成手順は次のとおりです。

①　メニューの「ファイル」→「ユーザー設定」→「ユーザースニペット」をクリックします（またはコマンドパレットで「Preferences: Configure User Snippets」を実行します）。

②　作成するファイルの種類（言語モード）を選択します。ここでは Python を選択してください。スニペット用 json ファイル「python.json」が開きます。

③　スニペット用 json ファイルを次のように編集して保存します。ファイルの各項目の内容は表 6-1-4 のとおりです。

```
{
    "Sample1": {
        "prefix": "sample1",
        "body": [
            "print('$1')",
            "print('${2:second}')"
        ],
        "description": "Sample Print"
    }
}
```

表 6-1-4　スニペットファイルの項目

項目	説明	例
スニペット名	各スニペットに付けられる名前。この項目は、「description」がない場合、スニペット追加時に表示される	Sample1
prefix	[Ctrl + Space] のトリガーとなる文字列。prefix と同じ文字を入力することでスニペットを表示できる	sample1
body	スニペットとして追加されるコード。複数行に対応しており、配列の要素ごとに1行追加される。$1 や ${2:second} のようにプレースホルダーを設定できる	[　"print('$1')", 　"print('${2:second}')"]
description	スニペット追加時に表示する説明文	Sample Print

　このスニペットファイルを保存したら、スニペットを入力してみましょう。言語モードが「Python」のファイルを開いた後、[Ctrl + Space]（ macOS [Option + Esc] も使用可能）を押して「sample1」を選択し、さらに [Enter] を押します。すると、先ほど設定した body の項目が図 6-1-19 のように入力されます。

図 6-1-19　ユーザースニペットの入力

■ プレースホルダー

　コードを記述する body 項目には、「$1」のようにプレースホルダーを記述できます。プレースホルダーはユーザーが編集する箇所です。スニペット入力時は、カーソルがプレースホルダーの箇所に移動します。プレースホルダーが複数ある場合は、[Tab] で移動します。移動の順番は $1、$2 の番号順です。

　また、たとえば「${2:second}」のように記述した場合は、コロンの後の文字列（second）がデフォルト値です。ユーザーが何も編集せずに移動すると、このデフォルト値がそのまま入力されます。

　なお、$0 のみ特別扱いになっており、[Tab] で最後に移動する箇所を表します。編集を行うことはできません。

■ プレースホルダーによる選択項目

　プレースホルダーには選択項目を設定することができます。たとえば「${1|one,two,three|}」のように記述した場合、スニペット入力時に選択項目のリストが図 6-1-20 のように表示されます。このリストから選択した値がカーソル上に入力されます。

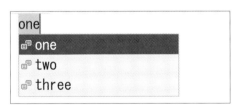

図 6-1-20　プレースホルダーによる選択項目（${1|one,two,three|}）

■ 変数

　body 項目にはプレースホルダーだけでなく、事前に定義されている変数を使用できます。変数の内容は、ファイル名や現在時刻などです。たとえば、body に "$TM_FILENAME" と記述すると、ファイル名に変換して入力されます。この機能はコード内ドキュメントのテンプレートなどに使用すると便利です。使用できる変数の一覧は、表 6-1-5 のとおりです。

表 6-1-5　スニペットで使用可能な変数の一覧

変数名	説明
TM_SELECTED_TEXT（または SELECTION）	現在選択中のテキスト
TM_CURRENT_LINE	カーソルがある行のテキスト
TM_CURRENT_WORD	カーソルがある単語のテキスト
TM_LINE_INDEX	行番号（0 番地始まり）
TM_LINE_NUMBER	行番号（1 番地始まり）
TM_FILENAME	ファイル名
TM_FILENAME_BASE	拡張子を除いたファイル名
TM_DIRECTORY	ディレクトリ名
TM_FILEPATH	ファイルパス（ディレクトリ＋ファイル名）
CLIPBOARD	クリップボードのテキスト
BLOCK_COMMENT_START	ブロックコメントの開始
BLOCK_COMMENT_END	ブロックコメントの終了
LINE_COMMENT	行コメント
WORKSPACE_NAME	ワークスペースの名前
WORKSPACE_FOLDER	ワークスペースのディレクトリ名
CURRENT_YEAR	現在の西暦
CURRENT_YEAR_SHORT	現在の西暦の下 2 桁
CURRENT_MONTH	現在の月
CURRENT_DATE	現在の日付
CURRENT_HOUR	現在の時間
CURRENT_MINUTE	現在の分
CURRENT_SECOND	現在の秒
CURRENT_DAY_NAME	現在の曜日
CURRENT_DAY_NAME_SHORT	現在の曜日（省略系）
CURRENT_SECONDS_UNIX	現在の UNIX 時間
RANDOM	6 桁のランダム数字（10 進数）
RANDOM_HEX	6 桁のランダム数字（16 進数）

■ 正規表現による変換

　プレースホルダーや変数は、正規表現によって値を置き換えることができます。書式は「$| 番号 / 検索パターン / 置換文字列 / フラグ |」であり、フラグは省略可能です。たとえばプレースホルダーを「$|1/-/_/|」と記述した場合は、ハイフンをアンダーバーに一度だけ置き換えて入力されます。

　変数を使用した場合の書式は「$| 変数名 / 検索パターン / 置換文字列 / フラグ |」であり、「$|TM_FILENAME/-/_/|」のように記述します。また、使用できる正規表現の検索パターンやフラグは、JavaScript のものと基本的に共通しています。

■ 正規表現の後方参照

　正規表現の検索パターン内の括弧で囲んだ内容は、置換文字列内で「後方参照」として「$1」〜「$9」を使用できます。たとえば「$|1/([a-z]+)/$1 $1/g|」と記述した場合は、マッチした文字列 "abc" を 2 度繰り返す "abc abc" に置き換えます。

　このとき置換文字列内の後方参照である $1 は、プレースホルダーの $1 とは無関係です。書式がほぼ同じなので、混同しないように注意してください。

■ 後方参照の変換

　後方参照の $1 を「$|1:/upcase|」と記述することで、内容を大文字に変換できます。たとえば「$|1/([a-z]+)/$|1:/upcase|/|」のように記述すると、小文字の文字列を大文字に変換します。使用可能な変換内容は表 6-1-6 をご確認ください。

表 6-1-6　**後方参照による変換**

後方参照の書式	プレースホルダーを含めた例	説明
${番号:/upcase}	${1/([a-z]+)/${1:/upcase}/}	大文字に変換する
${番号:/downcase}	${1/([a-z]+)/${1:/downcase}/}	小文字に変換する
${番号:/capitalize}	${1/([a-z]+)/${1:/capitalize}/}	先頭のみ大文字に変換する
${番号:/pascalcase}	${1/([a-z]+)/${1:/pascalcase}/}	先頭のみ大文字、残りは小文字に変換する
${番号:?text1:text2}	${1/([a-z]+)/${1:?text1:text2}/}	検索パターンにマッチした： 　text1 に置き換える 検索パターンにマッチしない： 　text2 に置き換える
${番号:+text1}	${1/([a-z]+)/${1:+text1}/}	検索パターンにマッチした： 　text1 に置き換える 検索パターンにマッチしない： 　置き換えない
${番号:-text1}	${1/([a-z]+)/${1:-text1}/}	検索パターンにマッチした： 　置き換えない 検索パターンにマッチしない： 　text1 に置き換える

6.2 ┃ プログラム実行の制御

　IDE（統合開発環境）の特徴として、エディター上でプログラムを実行・デバッグできることが挙げられます。VSCode も同様に、プログラムの実行・デバッグを行えます。また、一定の自動処理を行うタスクや Shell などを実行するターミナルもサポートしています。

6.2.1 ┃ デバッガ

　デバッガは、プログラムを実行しながら、その動作を調べるためのツールです。デバッガを使用すれば、ブレークポイントなどを指定した行でプログラムを一時停止できます。また、実行中の変数の内容を参照したり、編集したりすることができます。
　VSCode では、対応するプログラミング言語の拡張機能をインストールすることで、デバッガが使用可能になります[1]。Python の場合は、拡張機能「Python」のインストールが必要です。

■ 基本的な操作
　単一ファイルでのデバッグ実行は「2.2.4 デバッガによる値の変更」で説明したとおり、画面右上にある「▷」ボタンのプルダウンメニューで「Debug Python File」をクリックして開始します。この他、「実行とデバッグ」サイドバーの「実行とデバッグ」ボタンや [F5] を押すことでもデバッグ実行を開始できます。図 6-2-1 は、デバッグ実行によりプログラムが一時停止した状態を示しています。

※1　Node.js のみデフォルトでインストール済みです。

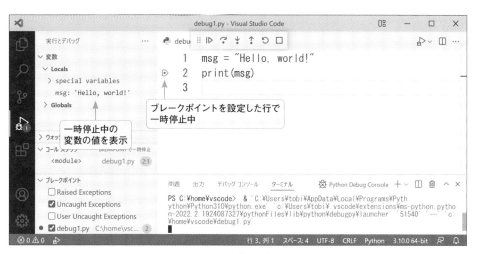

図 6-2-1 デバッグ実行

デバッグ実行中の各種操作では、図 6-2-2 のデバッグツールバーを使用します。

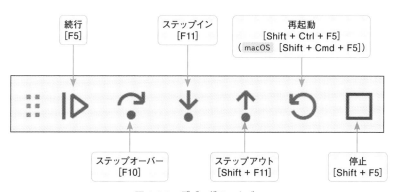

図 6-2-2 デバッグツールバー

デバッグツールバーの各ボタンの機能は次のとおりです。

・「続行」ボタン（[F5]）

一時停止中のプログラムの実行を再開します。次のブレークポイントに移動するかプログラムが終了するまで実行し続けます。

・「ステップオーバー」ボタン（[F10]）

現在の行を実行して次の行に移動します。なお、関数を実行した場合でも、関数内部の処理には移動しません。

- **「ステップイン」ボタン（[F11]）**

　現在の行を実行して次の行に移動します。関数を実行した場合は、関数内部の処理に移動します。

- **「ステップアウト」ボタン（[Shift + F11]）**

　現在の関数の処理を最後まで実行して、関数を呼び出した側の処理に移動します。

- **「再起動」ボタン（[Shift + Ctrl + F5]、 macOS [Shift + Cmd + F5]）**

　プログラムを停止して、もう一度プログラムを実行します。

- **「停止」ボタン（[Shift + F5]）**

　プログラムを停止します。

■「実行とデバッグ」サイドバー

　デバッグ実行時における「実行とデバッグ」サイドバーの各セクションは次のとおりです。

- **「変数」セクション**

　一時停止中の変数の内容を確認できます。「Locals」はローカル変数、「Globals」はグローバル変数です。

- **「ウォッチ式」セクション**

　ウォッチ式を表示します。「＋」ボタンや「変数」セクションの右クリックメニューによりウォッチ式を追加できます。

- **「コールスタック」セクション**

　一時停止中の箇所がどのような関数の階層で呼び出されたかを表す情報です。右端の丸で囲まれた値（前ページの図 6-2-1 の例では「2:1」）は、行番号を表します。

- **「ブレークポイント」セクション**

　現在設定中のブレークポイント一覧です。チェックボックスにチェック（✔）があると、ブレークポイントが有効です。また、「×」ボタンですべてのブレークポイントを削除できます。

■ ターゲットにステップイン

デバッグ実行中に右クリックメニューの「ターゲットにステップイン」を選択すると、図6-2-3のように同一行にある複数の関数から特定の関数を選んでステップインできます。

図 6-2-3　ターゲットにステップイン

■ カーソル位置の前まで実行

デバッグ実行中に右クリックメニューの「カーソル行の前まで実行」を選択すると、カーソル行の直前まで実行して停止します。停止位置を直接指定できるので便利です。

■ 変数の参照・変更

デバッグ実行を一時停止した状態で、変数の参照および変更を行うことができます。前述したように「実行とデバッグ」サイドバーの「変数」セクションには、変数の内容が表示されます。また、コード上にマウスカーソルを合わせても同様に表示されます。

変数の値を変更したい場合は、「変数」セクションの項目をダブルクリックして図6-2-4のように書き換えます。書き換えた後のプログラムは、変更した変数の内容で実行されます。

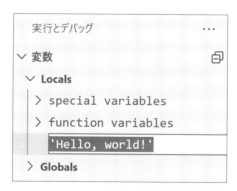

図 6-2-4　変数の書き換え

■ ウォッチ式

　ウォッチ式は、プログラムが一時停止した時点での式を実行した結果を表示します。ウォッチ式を登録しておくことで、「ウォッチ式」セクションから同じ変数名の内容をいつでも参照できます。

　また、計算式や関数呼び出しを登録できることも特徴です。たとえば「msg. isdecimal()」のように登録すると、図6-2-5のように関数の戻り値を常に表示できます。

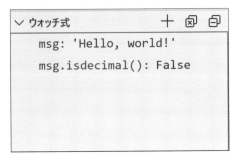

図 6-2-5　ウォッチ式

■ 条件付きブレークポイント

　ブレークポイントには、状況に応じて一時停止の有無を決める条件式を追加できます。繰り返し実行される箇所にブレークポイントを設定したいときに役立ちます。

　この機能を使うには、コードの左（行番号の左）を右クリックして、表示されたメニューから「条件付きブレークポイントの追加」を選択します。すると入力項目が表示されるので、図6-2-6のように条件式を追加します。

　条件式には、対象行から参照できる変数などを使用できます。たとえば「n == 2」という条件式を設定すれば、変数 n が 2 の場合のみプログラムが一時停止します。

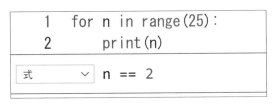

図 6-2-6　条件付きブレークポイント

■ ヒットカウント

ヒットカウントは、対象行数を実行した回数によってプログラムを一時停止するかどうかを決定する方法です。図 6-2-7 のように、「条件付きブレークポイント」の選択項目を「ヒットカウント」に変更して数値を設定します。

プログラムは、ここで設定した数値（回数）を実行したときのみ、一時停止します。たとえば「10」と設定すれば、10 回目のみ一時停止します。条件式も設定可能で、たとえば「>= 10」と設定した場合、10 回実行以降は一時停止します。また、「% 10」と設定すれば、10 回実行するたび（10回目、20 回目…）に一時停止します。

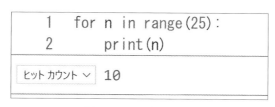

図 6-2-7　ヒットカウント

■ ログポイント

ログポイントはブレークポイントの一種ですが、プログラムを一時停止せずにログ出力のみを行います。

ログポイントを設定するには、コードの左（行番号の左）を右クリックして、表示されたメニューから「ログポイントの追加」を選択します。すると入力項目が表示されるので、図 6-2-8 のように出力する内容を設定します。

出力内容に変数などを使用する場合は ¦¦ で囲みます。たとえば「n = ¦n¦」と設定すれば、変数 nが 2 のときに「n = 2」と表示されます。

ログの出力先は、後述する「デバッグコンソール」パネルです。デバッグ実行時の初期状態は「ターミナル」パネルが選択されているので、切り替えて確認してください。

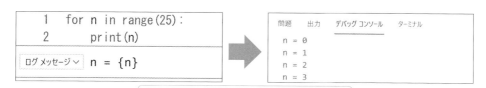

図 6-2-8　ログポイント

■「デバッグコンソール」パネル

デバッグ実行中は、「デバッグコンソール」パネルを使用できます。デバッグコンソールでは、コマンドラインのように変数を入力して、一時停止中の状況での結果を図 6-2-9 のように表示できます。

また、プログラムの式を実行できるため、関数呼び出しや変数への代入も行えます。これらの実行により変更された変数などの内容は、デバッグ実行中のプログラムに反映されます。

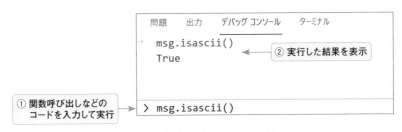

図 6-2-9 「デバッグコンソール」パネル

■ 設定ファイル（launch.json）の作成

ここまで「設定なしの単一ファイル」のデバッグ実行について説明してきました。さまざまな状況に応じたデバッグを行うには、設定ファイル「launch.json」を使用します。「launch.json」を自動で作成する手順は次のとおりです。

① 「実行とデバッグ」サイドバーを開き、「launch.json ファイルを作成します」のリンクをクリックします。
② デバッグ設定の選択項目が表示されるので、「Python File」を選択します。
③ 設定ファイル「.vscode/launch.json」が作成されます。

launch.json の設定項目は表 6-2-1 のとおりです。自動作成したファイルを用途に合わせてカスタマイズしてください。なお、設定には表 6-2-2 の変数を使用できます。

表 6-2-1　launch.json の設定項目

項目		説明
type		デバッガの種類。「python」、「node」、「php」などが設定される
request		デバッガのリクエスト種類 ・「launch」：プログラムを起動する ・「attach」：すでに実行済みのプログラムに接続する
name		設定名。デバッグするときの選択項目に表示される
presentation	order	デバッグ実行のドロップダウンリストなどに設定を表示するときの順番
	group	デバッグ実行のドロップダウンリストなどに設定を表示するときのグループ化コード
	hidden	デバッグ実行のドロップダウンリストなどの表示の有無
preLaunchTask		デバッグ実行前に実行するタスク
postDebugTask		デバッグ実行後に実行するタスク
program		実行するプログラム
args		実行時の引数
env		実行時の環境変数
envFile		実行時の環境変数を設定したファイル（「.env」形式）
cwd		デバッグ実行を行う作業フォルダー（絶対パスで設定）
console		デバッグ実行時に開くコンソール ・「integratedTerminal」：「ターミナル」パネル ・「internalConsole」：「デバッグコンソール」パネル ・「externalTerminal」：外部ターミナル
internalConsoleOptions		「デバッグコンソール」パネルの表示の制御
stopOnEntry		デバッグ実行開始時のプログラム一時停止の制御

表 6-2-2　設定ファイルで使用可能な変数

項目	説明
${workspaceFolder}	ワークスペースのフォルダーパス
${workspaceFolderBasename}	ワークスペースのフォルダー名
${file}	開いているファイルの絶対パス
${relativeFile}	開いているファイルのワークスペースからの相対パス
${relativeFileDirname}	開いているファイルのワークスペースからの相対パスのフォルダー名
${fileBasename}	開いているファイルのファイル名
${fileBasenameNoExtension}	開いているファイルのファイル名（拡張子なし）
${fileDirname}	開いているファイルの絶対パスのフォルダー名
${fileExtname}	開いているファイルの拡張子
${cwd}	タスク実行時のフォルダー名
${userHome}	ユーザーホームのフォルダー名
${lineNumber}	選択中の行番号
${selectedText}	選択中のテキスト
${execPath}	VSCode のプログラムファイルの絶対パス
${defaultBuildTask}	既定のビルドタスク名
${env: 環境変数名 } （例：${env:PATH}）	環境変数の値
${config:VSCode の設定 ID} （例：${ config: editor.fontSize }）	VSCode の設定値

6.2.2 | タスク

　ソフトウェア開発では、make に代表されるビルドツールなどを利用することができます。タスクは、これらのツールと連携してコマンドを呼び出せる仕組みです。

■ シンプルなタスク

　まずは echo コマンドを実行するシンプルなタスクについて説明します。ワークスペース（またはフォルダー）を開いて、次のコードをファイル「.vscode/tasks.json」に記述します。このファイルは、コマンドパレットの「Tasks: Configure Task」→「テンプレートから tasks.json を生成」→「Others」でも作成できます。

```
{
    "version": "2.0.0",
    "tasks": [
        {
            "label": "echo",
            "type": "shell",
            "command": "echo Hello"
        }
    ]
}
```

　ファイルを保存したら、コマンドパレットの「Tasks: Run Task」→「echo」→「タスクの出力をスキャンせずに続行」を実行します。すると、図 6-2-10 のように「echo Hello」コマンドの結果が「ターミナル」パネルに出力されます。

図 6-2-10　echo タスクの実行

クイックオープン（[Ctrl + P]、macOS [Cmd+P]）で図 6-2-11 のように「task echo」と入力しても、同様にタスクを実行できます。

図 6-2-11　クイックオープンでのタスク実行

■ 既定のビルドタスク

ソフトウェア開発で繰り返し使用するのは、make のようなビルド実行のタスクです。このようなタスクは、「既定のビルドタスク」に設定するとショートカットキーで実行できるようになります。「既定のビルドタスク」に設定するには、ファイル「.vscode/tasks.json」に次のような「"group"」項目を追加します。

```
"tasks": [
    {
        ...
        "group": {
            "kind": "build",
            "isDefault": true
        }
    }
]
```

既定のビルドタスクは、コマンドパレットの「Tasks: Configure Default Build Task」から選択して設定することも可能です。

設定後、[Shift + Ctrl + B]（macOS [Shift + Cmd + B]）で既定のビルドタスクを実行できます。これは、コマンドパレットの「Tasks: Run Build Task」でも同様です。

■ OS ごとの設定

Windows と、macOS や Linux とでは、実行できるコマンドやスクリプトが異なることがあります。よくあるのは Windows では「build.bat」、macOS や Linux では「build.sh」のように別々のスクリプトを実行するケースです。また、ファイル内容を出力したい場合、Windows でのコマンドは「type」、macOS や Linux でのコマンドは「cat」のように異なります。

この状況に対応するため OS ごとにコマンドを変更したい場合は、タスクの設定で「"windows"」項目を使用します。この項目を使用すると windows 専用のコマンドを指定できます。

```
    "tasks": [
        {
            "label": "file_output",
            "type": "shell",
            "command": "cat .vscode/tasks.json",
            "windows": {
                "command": "type .vscode/tasks.json"
            }
        }
    ]
```

　この設定は、ファイル「.vscode/tasks.json」を出力するコマンドをタスクに追加しています。Windows の場合のみ「type」コマンドを使用していて、その他の OS の場合は「cat」コマンドを使用します。同様に、macOS のみの設定は「"osx"」、Linux の場合は「"linux"」で指定できます。

■ タスクの変数とインプット変数

　タスクには、あらかじめ決められた変数や $|input:v1| といったインプット変数を使用できます。使用可能な変数は、「6.2.1 デバッガ」の設定ファイルの場合と同様です（P.213 の表 6-2-2 参照）。タスクでインプット変数を使用する場合の例を以下に示します。

```
{
    "version": "2.0.0",
    "tasks": [
        {
            "label": "echo",
            "type": "shell",
            "command": "echo ${input:v1}"
        }
    ],
    "inputs": [
        {
            "id": "v1",
            "type": "promptString",
            "description": " 変数 (v1) の値を入力してください "
        }
    ]
}
```

　この例のように、インプット変数では「"inputs"」項目を設定する必要があります。インプット変数を使用すると図 6-2-12 のように入力欄が表示されて、ここで入力した値が変数に設定されます。

```
変数 (v1) の値を入力してください ('Enter' を押して確認するか 'Escape' を押して取り消します)
```

図 6-2-12　インプット変数の値入力

■ コマンドの引数

　ここまでは「"command"」にコマンドの引数を含めて記述していましたが、引数は「"args"」を使用するほうが、より好ましい設定です。「"args"」を使用すると、空白がある場合にシングルクォーテーションなどで引数を囲みます。

　「"command"」と「"args"」は、次のように設定します。

```
"tasks": [
    {
        ...
        "command": "cat",
        "args": "${file}",
        ...
    }
]
```

　「"args"」を使用した設定であれば、ファイルパスに空白が含まれていた場合でもエラーにならずに実行できます。

■ Problem Matcher（タスク出力のスキャン）

　「Problem Matcher」は、タスク出力をスキャンして「問題」パネルに表示する機能です。出力を正規表現で解析して、ファイルや行数などを表示できます。次のコードは、pylint で検出したエラーを「問題」パネルに出力する設定です。

```
{
    "version": "2.0.0",
    "tasks": [
        {
            "label": "pylint",
            "type": "shell",
            "command": "${command:python.interpreterPath}",
            "args": ["-m", "pylint", "${file}"],
            "problemMatcher": {
                "fileLocation":"absolute",
                "pattern":[
                    {
                        "regexp": "([^:]*):(¥¥d+):(¥¥d+):(.*)$",
                        "file": 1,
```

```
                        "line": 2,
                        "column": 3,
                        "message": 4
                    }
                ]
            }
        }
    ]
}
```

　command の「"${command:python.interpreterPath}"」は python コマンドです。Path が通っていない場合は、python コマンドのフルパスを記述してください。

　また、args の「["-m", "pylint", "${file}"]」で pylint を開いているファイル（${file}）に実行しています。次の Python コードをファイル名「name1.py」で保存して、このタスク「pylint」を実行してみましょう。タスクは、コマンドパレットの「Tasks: Run Task」→「pylint」で実行できます。

```
# name1.py
NAME=1
```

　実行すると、図 6-2-13 のように 2 つのエラーが「問題」パネルに表示されます。

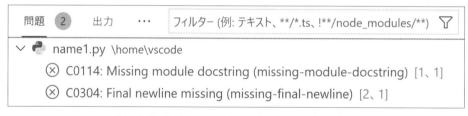

図 6-2-13　**Problem Matcher による「問題」パネル表示**

　これは以下のタスク出力を Problem Matcher が解析したものです。元のタスク出力は「ターミナル」パネルにも表示されています。

```
c:\home\vscode\name1.py:1:0: C0114: Missing module docstring (missing-module-docstring)
c:\home\vscode\name1.py:2:0: C0304: Final newline missing (missing-final-newline)
```

　さて、pylint の出力が Problem Matcher の正規表現「"regexp": "([^:]*):(\\d+):(\\d+):(.*)$"」にマッチしたため、「問題」パネルに表示されました。problemMatcher にある「"file": 1」の 1 は、正規表現の後方参照の番号です。正規表現 1 番目の ([^:]*) にマッチした値をファイル名として使用します。「"line": 2」、「"column": 3」、「"message": 4」の数値も同様です。

　また、pylint の出力にあるファイルパスが「c:\home\vscode\name1.py」のように絶対パスになっているため、「"fileLocation":"absolute"」を指定して Problem Matcher に絶対パスで解析させ

ています。この解析により、「問題」パネルの項目をクリックすると対象ファイルの対象行に移動します。

このようにコマンドの出力結果をスキャンして、エラーの行のみを「問題」パネルに表示できます。今回の pylint のようなタスクを、VSCode のエディター設定とは異なるエラーレベルなどで登録しておけば、状況ごとにチェック内容を変更することができます。

Problem Matcher の設定項目は表 6-2-3 をご参照ください。なお、一部の言語では、「$go」のようにあらかじめ用意された Problem Matcher の設定値が存在します。その場合は、「"problemMatcher":"$go"」のように設定してください。

表 6-2-3 **Problem Matcher の設定項目**

項目		説明
fileLocation		ファイルパスの解釈方法 ・relative：相対パス ・absolute：絶対パス ・autodetect：自動判別
pattern	regexp	正規表現のパターン文字列。パターンと一致した場合、「問題」パネルに表示する
	kind	・location：ファイル内の位置まで判別（デフォルト値） ・file：ファイル名まで判別
	file	ファイル名。正規表現での後方参照の番号を設定
	location	ファイル内の位置。「（行番号）」、「（行番号 , 列番号）」、「（開始行番号 , 開始列番号 , 終了行番号 , 終了列番号）」のいずれかにマッチしていること。正規表現での後方参照の番号を設定
	line	行番号。正規表現での後方参照の番号を設定
	column	列番号。正規表現での後方参照の番号を設定
	message	メッセージ。正規表現での後方参照の番号を設定

■ Problem Matcher の無効化

echo コマンドの最初の実行時に、「タスクの出力をスキャンせずに続行」を選択しました（P.214 参照）。単純なコマンド実行のみであれば、タスク出力のスキャン（Problem Matcher）は必要ありません。

このようにスキャンが不要な場合、「タスクの出力をスキャンせずに続行」が毎回表示されないようにするには、「.vscode/tasks.json」に以下の設定を追加します。

```
"problemMatcher": []
```

このコードは、コマンドパレットの「Tasks: Run Task」の最後で「このタスクのタスク出力をスキャンしない」を選択しても追加されます。また、設定 ID「task.problemMatchers.neverPrompt」を true にすると、どのタスクでも常に選択項目が表示されなくなります。

■ タスクの自動検出

　一部のツール（npm、grunt、gulp、jake、typescript）は、タスクを自動検出できます。コマンドパレットの「Tasks: Run Task」を実行すると図 6-2-14 のように表示されるので、npm などのコマンドを選択します。このとき、ツールの設定を自動検出できればタスクとして追加されます。

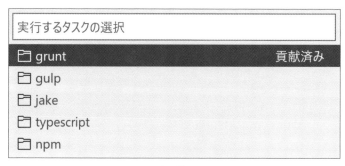

図 6-2-14　タスクの自動検出（Tasks: Run Task）

6.3 単体テストとリファクタリング

　xUnit 系に代表される単体テストの自動化は、近年のプログラミングにおいて開発工程の一部となっています。また、コードを改善するリファクタリングは、自動テストで結果を確認するのが一般的です。本節では、Python の unittest を用いた単体テストと、リファクタリングツールの使い方について説明します。

6.3.1 テスト環境の導入

　VSCode の単体テスト機能は、各言語の拡張機能に付属しています。Python でも拡張機能「Python」のインストールが必要です。さらに、使用する単体テストツールの設定を有効にする必要があります。本書では unittest を使用するため、図 6-3-1 のように「python.testing.unittestEnabled」を true に設定してください。

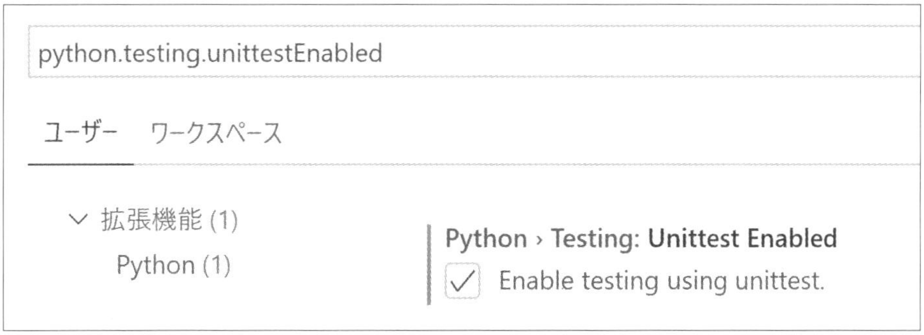

図 6-3-1　unittest の有効化

　設定後、言語モードが「Python」のファイルを開くと、図 6-3-2 のようにテスト項目のない「テスト」サイドバーが追加されます。

図 6-3-2　「テスト」サイドバー

6.3.2 テストの作成

　テスト環境が準備できたら、簡単な単体テストを作成してみましょう。新規フォルダーを作成して、VSCode でそのフォルダーをワークスペースとして開きます。開いたら、そのフォルダー内に、テスト対象「code1.py」と単体テスト「code1_test.py」を作成します。「code1.py」のコードは次のとおりです。

```python
# code1.py
def add(a, b):
    return 0
```

「code1_test.py」のコードは次のとおりです。

```python
# code1_test.py
import unittest
import code1


class TestCode1(unittest.TestCase):
    def test_add(self):
        self.assertEqual(code1.add(1, 2), 3)
```

「code1.py」の add メソッドは、2 つの引数を足し算した結果を返すメソッドとしています。ただし、最初の実装では、常に 0 の戻り値を返しています。このように実装している理由は、単体テストを失敗させるためです。

「code1_test.py」側の「self.assertEqual(code1.add(1, 2), 3)」は、add メソッドの結果として 3 が返ることを期待していますが、0 のためテストは失敗します。このように単体テストの動作確認のため、エラーとなるコードを最初に書くことがあります。

「code1_test.py」には、図 6-3-3 のように「テストの実行」ボタンが add メソッドの左側に表示されます。また、「テスト」サイドバーに、追加した「test_add」テストが表示されます。

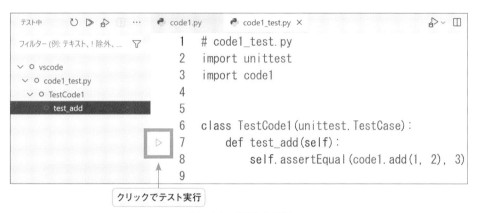

図 6-3-3　テストの実行

実行すると単体テストはエラーになり、図 6-3-4 のように表示されます。

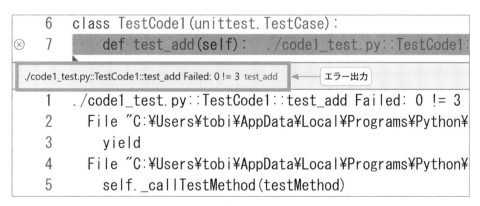

図 6-3-4　単体テストのエラー

エラー出力に「Failed: 0 != 3」が表示されているので、単体テストが正しく失敗したことが確認できます。なお、文法エラーなどの場合は、修正して再度テストを実行してください。

　意図通りのエラーを確認できたら、テストが通るように「code1.py」の add メソッドを次のように書き換えます。

```
def add(a, b):
    return a + b
```

　書き換えた後で再度テストを実行すると成功します。成功後は、図 6-3-5 のようにチェックマーク（✔）が付きます。

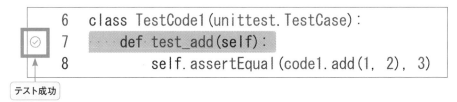

図 6-3-5　テスト成功表示

6.3.3 テストのデバッグ実行

　作成した単体テストは個々にデバッグ実行が可能です。コードを変更して、単体テストが失敗した場合の調査などに使用できます。デバッグ実行するには、図 6-3-6 のように「テストの実行」ボタンの右クリックメニューから「テストをデバッグ」を選択します。

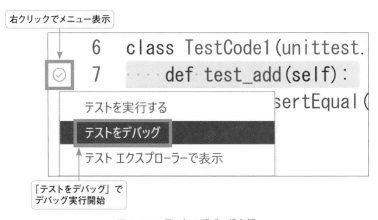

図 6-3-6　テストのデバッグ実行

　ブレークポイントを仕掛けて単体テストのデバッグ実行が開始すると、通常のデバッグ実行と同じようにプログラムが一時停止します。このとき「実行とデバッグ」サイドバーを開けば、変数の確認や値の書き換えも可能です。値を書き換えることで、テストを失敗させることもできます。

■ デバッグ設定の変更

　単体テストのデバッグ実行は、「.vscode/launch.json」で挙動を変更することができます。「.vscode/launch.json」ファイルの例は次のとおりです。

```json
{
    "version": "0.2.0",
    "configurations": [
      {
          "name": "Python: Debug Tests",
          "type": "python",
          "request": "launch",
          "program": "${file}",
          "purpose": ["debug-test"],
          "console": "internalConsole"
      }
    ]
}
```

　Python のテストデバッグ実行時は、「"purpose": ["debug-test"]」を持つ設定を使用します。上記の設定例では「"console": "internalConsole"」としたため、デバッグ実行時の出力が「デバッグコンソール」パネルに表示されます。

6.3.4 リファクタリングとクイックフィックス

　リファクタリングとは、プログラムの外部から見たときの挙動は変えずに、コードを改善することをいいます。VSCode とその拡張には、機械的に変更できるリファクタリングツールが用意されています。この作業は、基本的に単体テストと組み合わせて実施します。

■ シンボルの名前変更（Rename Symbol）

　変数や引数などのシンボルの名前を変更するリファクタリングです。これは、第5章で紹介した HTML タグ名変更と同様の機能です。
　変数名にカーソルを合わせて［F2］を押すと、名前変更ダイアログが図 6-3-7 のように表示されます。

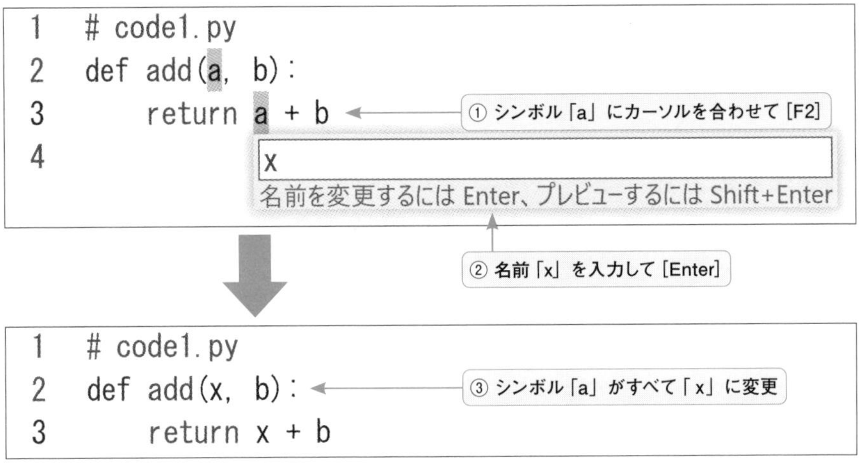

```
1    # code1.py
2    def add(a, b):
3        return a + b        ←  ① シンボル「a」にカーソルを合わせて [F2]
4
         x
     名前を変更するには Enter、プレビューするには Shift+Enter
```

② 名前「x」を入力して [Enter]

```
1    # code1.py
2    def add(x, b):        ←  ③ シンボル「a」がすべて「x」に変更
3        return x + b
```

図 6-3-7　シンボルの名前変更

　変更したい名前を入力して［Enter］を押すと、すべての名前が変更されます。なお、［Shift ＋ Enter］を押すと「リファクタープレビュー」パネルに変更先が表示されます。その表示内容に問題がなければ、もう一度［Shift ＋ Enter］を押すことで変更できます。

　このような変更を行う前、および変更を行った後に、単体テストを実行することをお勧めします。変更によって変数名が重複するなどして結果が変わってしまうケースがあります。結果が変わった場合、単体テストを実行すればエラーになるので、これにより問題を検出できます。

■ 変数の抽出（Extract Variable）

　式の一部を抽出して変数に置き換えるリファクタリングです。ファイルを保存した後、図 6-3-8 のように、抽出する箇所を範囲選択して右クリックメニューの「リファクター」→「Extract variable」を実行します。

　実行すると「new_var」のような仮の変数名が付けられて、範囲選択していた式が抽出されます。このとき、仮の変数名を変更するダイアログが表示されるので、シンボルの名前変更と同じ方法で変更を行います。

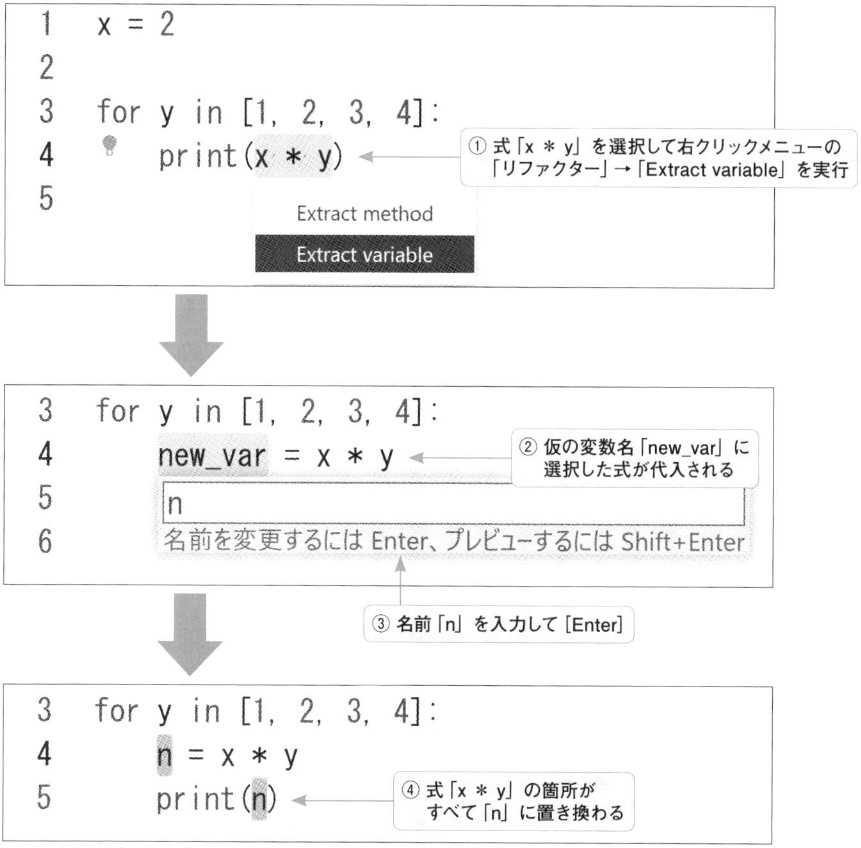

```
1    x = 2
2
3    for y in [1, 2, 3, 4]:
4        print(x * y)
5
        Extract method
        Extract variable
```

① 式「x * y」を選択して右クリックメニューの
「リファクター」→「Extract variable」を実行

```
3    for y in [1, 2, 3, 4]:
4        new_var = x * y
5        n
6    名前を変更するには Enter、プレビューするには Shift+Enter
```

② 仮の変数名「new_var」に
選択した式が代入される

③ 名前「n」を入力して [Enter]

```
3    for y in [1, 2, 3, 4]:
4        n = x * y
5        print(n)
```

④ 式「x * y」の箇所が
すべて「n」に置き換わる

図 6-3-8　変数の抽出

■ メソッドの抽出（Extract Method）

　コードの一部を抽出してメソッドに置き換えるリファクタリングです。ファイルを保存した後、抽出する箇所を範囲選択して右クリックメニューの「リファクター」→「Extract method」を実行します。

　実行すると、変数の抽出と同様に仮のメソッド名が付けられます。その後、ダイアログで正式なメソッド名に変更できます。

■ クイックフィックス（Quick Fix）

　クイックフィックスとは、エラーなどの修正候補を表示して、その中から適宜選択するだけで修正を行う機能です。Python では import 文の追加に対応しています。修正候補がある場合に電球マークが表示されるので、その電球マークをクリックするか［Ctrl ＋ .（ドット）］（ macOS ［Cmd ＋ .］）を押すと、候補一覧が図 6-3-9 のように表示されます。一覧から選択するとコードが修正されます。

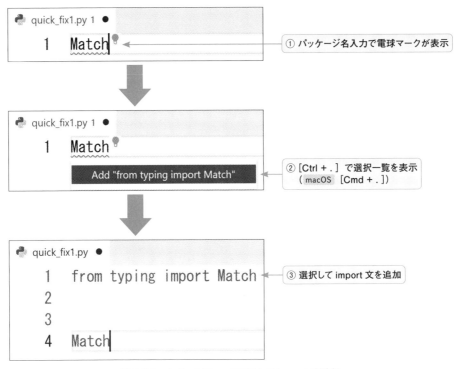

図 6-3-9　クイックフィックスによる import 文追加

6.4 Jupyter Notebook

Jupyter Notebook は、Python を使用したオープンソースのデータ分析環境です。これは Web ブラウザ上で操作する形式の環境ですが、拡張機能「Jupyter」(拡張機能 ID: ms-toolsai.jupyter) によって VSCode でも使用できるようになりました。Jupyter Notebook は、本格的なデータ分析以外でもデータからグラフを描画する場合などに役立つ環境です。本節では、VSCode 上で Jupyter Notebook を使用する方法について説明します。

6.4.1 Jupyter Notebook 環境の構築

Jupyter Notebook を使用するには、拡張機能「Python」と拡張機能「Jupyter」が必要です。これらの拡張機能がインストール済みであれば、コマンドパレット「Jupyter: Create New Jupyter Notebook」を実行すると、図 6-4-1 のように Jupyter 用の新規ノートブックを作成できます。

図 6-4-1　**Jupyter のノートブック**

■ セルとコードの実行

開発環境が構築できたら、コードを実行してみましょう。図 6-4-2 のように、「セル」という枠の単位でコードを記述、実行します。この枠内には複数行のコードを入力できます。コードを入力し終えたら [Ctrl + Enter] または「セルの実行」ボタンで実行できます。実行すると、セルの下側に結果が表示されます(ipykernel が未インストールの場合、ダイアログが表示されるのでインストールしてください)。

図 6-4-2　セルでの実行

　セルを追加したい場合は、図 6-4-3 のように上側のメニューにある「コードセルの追加」ボタンをクリックします。セルが不要になった場合は、右側にある「セルの削除」ボタンで削除できます。

図 6-4-3　セルの追加

■ Markdown とエクスポート

　セルにはコードだけでなく Markdown のドキュメントも記述できます。Markdown 用のセルは、上側のメニューの「Markdown セルの追加」ボタンで追加できます。

　また、メニューの「Export」ボタンをクリックすると、Python Script、HTML、または PDF にエクスポートできます。

■ グローバル変数

セルはそれぞれ単独で実行可能ですが、メニューの「すべてを実行」ボタンでまとめて実行することもできます。グローバル変数はセルの間で共有しており、次の実行に引き継ぎます。上側のメニューの「Variables」ボタンをクリックすると、図 6-4-4 のように現在のグローバル変数の値をパネルの「JUPYTER: VARIABLES」で確認できます。

なお、メニューの「Restart」ボタンをクリックすると、すべてのグローバル変数が削除されます。

図 6-4-4　変数一覧

■ デバッグ実行（Run by Line）

Jupyter でデバッグ実行するには、対象セルで「Run by Line」ボタンをクリック、または [F10] を押します。実行開始時は先頭の行で停止しているため、[F10] で次の行を実行します。残りのすべての行を実行したい場合は [Ctrl + Enter] を押します。

実行中のグローバル変数はパネル「JUPYTER: VARIABLES」で確認できます。この表示内容は、デバッグ実行が進むごとに最新の値になります。

図 6-4-5　Jupyter のデバッグ実行

6.4.2 | Data Viewer による表形式の表示

グローバル変数はパネル「JUPYTER: VARIABLES」で確認できました。Data Viewer ではさらに、変数に格納したリストデータを表形式で表示することができます。

■ Data Viewer の表示

まずは、セルに次のコードを入力して実行します。

```
list1 = [1, 2, 3]
```

実行後、変数一覧を確認すると、図6-4-6のように list1 の左側に「Show variables in data viewer」ボタンが表示されます。このボタンをクリックすると Data Viewer が表示されて、変数の内容を表形式で参照することができます（pandas が未インストールの場合、ダイアログが表示されるのでインストールしてください）。なお、リストだけでなく辞書型のデータや NumPy の配列も Data Viewer で表示できます。

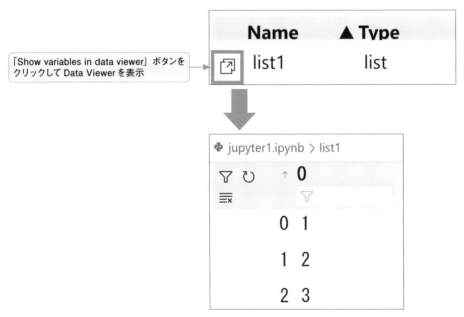

図 6-4-6　**Data Viewer の表示**

列をクリックすると、その列の値でソートされます。また、「Show filters」ボタンをクリックすると、各列に入力欄が表示されます。値を入力することで、表示する行を絞り込むことができます。

■ pandas データフレームの表示

pandas は、Python のデータ分析用のライブラリであり、Jupyter と組み合わせて使用されます。pandas のデータフレームは表形式のデータを格納できます。図 6-4-7 の変数「df」のように、データフレームの値をセルの最終行にすると表形式の表示になります。また、図 6-4-8 のように Data Viewer にも表示できます。

```python
import pandas as pd
df = pd.DataFrame({
    "col1": [1, 2, 3, 4],
    "col2": ["A", "B", "C", "D"],
    "col3": [10, 20, 30, 40]
})
df
```

[1] ✓ 0.3s

	col1	col2	col3
0	1	A	10
1	2	B	20
2	3	C	30
3	4	D	40

図 6-4-7　pandas データフレームの表示（セル）

jupyter1.ipynb > df (4, 3)

index	col1	col2	col3
0 0	1	A	10
1 1	2	B	20
2 2	3	C	30
3 3	4	D	40

図 6-4-8　pandas データフレームの表示（Data Viewer）

　pandas は、read_csv や read_json といったメソッドにより、CSV 形式や JSON 形式のファイルを読み込んでデータフレームを作成できます。また、Excel などで作成したデータを読み込んで、表形式で表示したり、グラフとして表示したりすることができます。

6.4.3 Plot Viewer によるグラフ表示

　Plot Viewer はグラフを表示する機能です。matplotlib ライブラリや Altair ライブラリで描画した結果を表示することができます。

■ matplotlib のインストール

　matplotlib は、Python コードでさまざまなグラフを作成できるライブラリです。この matplotlib を pip でインストールしましょう。次のコマンドを「ターミナル」パネルで実行してください。

```
# macOS, Linux の場合
pip install matplotlib

# Windows の場合
py -3 -m pip install matplotlib
```

■ 線グラフの表示

　線グラフを作成するには、pyplot.plot メソッドを使用します。次のコードを実行するとグラフが表示されます。

```
import matplotlib
from matplotlib import pyplot

matplotlib.rc("font", family="Yu Gothic")
x = [0,1,2,3,4,5]
y = [0,9,2,8,3,4]
pyplot.plot(x, y)
pyplot.legend({" 線グラフ "})
```

　コードが正しく実行されると、図 6-4-9 のように表示されます。日本語を表示する場合は、matplotlib.rc メソッドでフォントの指定が必要です。また、pyplot.legend メソッドでグラフの凡例を指定します。

　グラフの「Expand image」ボタンをクリックすると Plot Viewer が表示されます。Plot Viewer では、グラフを拡大・縮小したり、PNG、SVG、PDF 形式にエクスポートしたりすることができます。

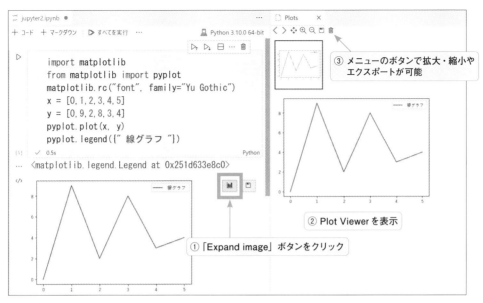

図 6-4-9　**matplotlib による線グラフ**

pandas によるグラフ表示

　pandas を使えば、CSV 形式のデータを簡単に取り込んで描画できます。また、pandas の plot メソッドを使用すると、内部で matplotlib を使ってグラフを表示できます。次のコードは、気象庁のサイト（https://www.data.jma.go.jp/gmd/risk/obsdl/index.php）から取得した CSV ファイル「data.csv」をグラフ表示するものです。実行結果は図 6-4-10 になります。

```
import matplotlib
import pandas

matplotlib.rc('font', family="Yu Gothic")
df = pandas.read_csv(
    "./data.csv",
    encoding="shift_jis",
    skiprows=[0, 1, 2, 4],
    usecols=[0,1]
)
df.plot()
```

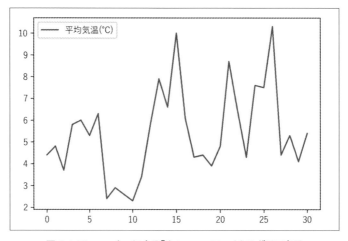

図 6-4-10　pandas による「data.csv」ファイルのグラフ表示

■ さまざまなグラフ

matplotlib は、線グラフ以外にも棒グラフや散布図、3D グラフなどを描画できます。また、グラフを並べたり、重ねて表示したりすることも可能です。図 6-4-11 に示すように、matplotlib の公式サイトにはさまざまなグラフの例が用意されています（https://matplotlib.org/stable/gallery/index.html）。これらの例をもとにして手軽にグラフを作成できます。

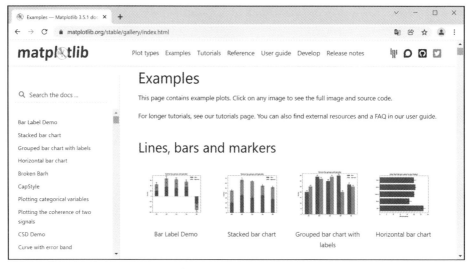

図 6-4-11　matplotlib の例（https://matplotlib.org/stable/gallery/index.html）

6.4.4 | リモート環境への接続

Jupyterは、プログラムを処理するサーバーと入力・表示を行うクライアントを別々に動作させることができます。CPUやGPUが強力なサーバーを用いることで、クライアントがノートPCの場合でも高速な動作が期待できます。

■ Jupyterサーバーの起動

実際はサーバーとクライアントでマシンを分けますが、ここでは同一マシン上でサーバーを立ち上げた例をもとに説明します。まずは次のコマンドをターミナルで実行して、Jupyterサーバーのインストールと起動を行いましょう。

```
# macOS, Linux の場合
pip install jupyter_server
jupyter server

# Windows の場合
py -3 -m pip install jupyter_server
py -3 -m jupyter_server
```

サーバーが起動すると、「ターミナル」パネルに次のように出力されます。

```
Or copy and paste one of these URLs:
    http://localhost:8888/?token=…
```

出力されたURLにブラウザからアクセスすると図6-4-12のように表示され、Jupyterサーバーが実行されていることを確認できます。

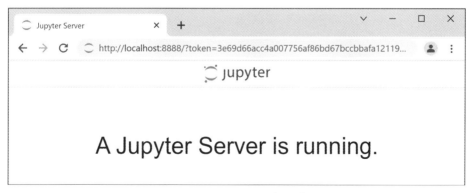

図 6-4-12　**Jupyter サーバーの確認**

■ Jupyter サーバーへの接続

　次は、VSCode から Jupyter サーバーに接続します。接続するには、コマンドパレットから「Jupyter: Specify local or remote Jupyter server for connections」→「Existing」を選択します。選択後に入力欄が表示されるので、先ほどの URL（http://localhost:8888/?token=…）を指定します。指定すると VSCode が Jupyter サーバーに接続します。

　接続した後、コマンドパレットで「Jupyter: Create New Jupyter Notebook」を実行すると、サーバーに接続した Jupyter Notebook が作成されます（途中でカーネル選択が表示された場合は「Python 3 (ipykernel)」を選択してください）。この状態でセルを実行するとサーバー上のリソースでコードが処理されて、その結果が図 6-4-13 のように表示されます。

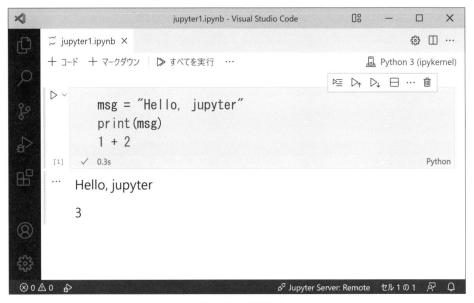

図 6-4-13　サーバーに接続した Jupyter

第 **7** 章

仮想環境と
リモート開発

VSCode は、ネットワーク越しのリモート環境に接続して
直接ファイルやコマンドを実行することができます。本章で
は、仮想環境の Docker や WSL2 のセッティングをはじめ、
セッティングした仮想環境への接続やファイル編集などにつ
いて説明します。また、リアルタイムで共同編集を行うことが
できる「Visual Studio Live Share」についても説明します。

7.1 Docker

近年のサーバーサイド開発は、Linux で行うことが一般的になっています。Windows や macOS 上で Linux の開発を行いたい場合は、仮想環境である「Docker Desktop」や「WSL2（Windows Subsystem for Linux 2)」の導入をお勧めします。

本節では、Docker Desktop のインストールや、Docker の使用方法について解説します。

7.1.1 Docker Desktop について

「Docker Desktop」は、Windows や macOS 上で Docker を実行できるソフトウェアです。Docker Desktop を使用すると、仮想環境によって Linux 上とほぼ同等に Docker を使用できます。

Docker Desktop のインストーラは「https://www.docker.com/products/docker-desktop」からダウンロードできます。基本的にインストーラの手順通りに進めていけばインストールが完了します。

■ Windows での実行環境

Windows の場合、Docker Desktop を実行する環境として「Hyper-V」と「WSL2」があります。それぞれの動作要件は表 7-1-1 のとおりです。詳細については、「https://docs.docker.com/docker-for-windows/install」をご確認ください。注意点として、Home エディションの場合は WSL2 のみ利用可能となっています。

表 7-1-1　**Docker Desktop の実行環境（Windows）**

環境	バージョン	Windows のエディション
Hyper-V	Windows 10 (64 ビット) または Windows11 (64 ビット)	Pro Enterprise Education
WSL2		Home を含むすべてのエディション

Hyper-V の環境で動作させる場合は次項の「7.1.2 Hyper-V の有効化（Windows)」、WSL2 で動作させる場合は「7.2 WSL2」をそれぞれご参照ください。なお、macOS で動作する「Docker Desktop for Mac」では、Windows のような実行環境の違いはありません。

7.1.2 | Hyper-V の有効化（Windows）

Hyper-V を動作させるには、「BIOS レベルのハードウェア仮想化」と「Windows 機能の Hyper-V」の 2 つを有効化する必要があります。Docker Desktop を Hyper-V 上で動作させる場合は、これらを有効化して Hyper-V を利用可能な環境にします。

■ BIOS レベルでのハードウェア仮想化

BIOS/UEFI の設定画面でハードウェア仮想化を有効にします。Intel CPU の場合は、仮想化機能「Virtualization Technology（VT-x）」を有効化します。AMD CPU の場合は、仮想化機能「AMD Virtualization（AMD-V または SVM）」を有効化します。

BIOS/UEFI の設定画面の起動方法は PC ごとに異なります。たとえば、一部の PC では起動時に［F1］を押すことで BIOS/UEFI の設定画面になります。

Windows から BIOS/UEFI の設定画面を起動する方法は次のとおりです。まず、スタートメニューの「設定」から、図 7-1-1 のように「回復」→「PC の起動をカスタマイズする」→「今すぐ再起動」ボタンの順にクリックすると、再起動が始まります。

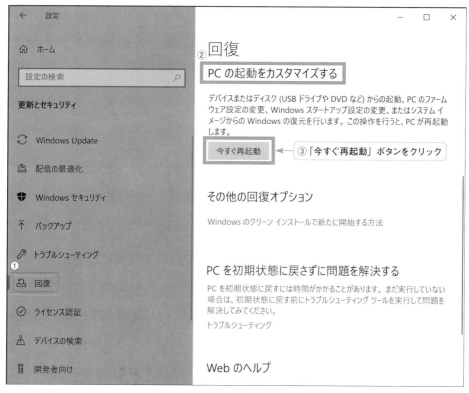

図 7-1-1 「設定」からの再起動（BIOS/UEFI の設定画面起動）

　再起動後、図 7-1-2 のように「オプションの選択」画面が表示されるので、「トラブルシューティング」→「詳細オプション」→「UEFI ファームウェアの設定」→「再起動」ボタンの順にクリックして、もう一度再起動します。すると、BIOS/UEFI の設定画面が表示されるので、仮想化機能（VT-x など）を有効にします。

図 7-1-2　**オプションの選択画面**

■ Windows 機能の Hyper-V

　BIOS/UEFI でハードウェア仮想化の設定が完了したら、次は Windows 上で Hyper-V の有効化を行います。スタートメニューの「設定」から「Windows 機能の有効化または無効化」を表示します。そして、Windows 機能の中にある「Hyper-V」を図 7-1-3 のように有効化します。

図 7-1-3　**Hyper-V の有効化**

■Docker Desktop の設定

Docker Desktop の設定で、Hyper-V と WSL2 のうちどちらを使用するか指定します。Hyper-V を使用する場合は、Docker Desktop のメニューから「Settings」→「General」を選択し、図 7-1-4 のように「Use the WSL2 based engine」のチェック（✓）を外してください。

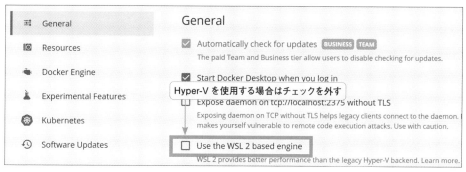

図 7-1-4　**Docker Desktop の設定（Hyper-V 使用時）**

7.1.3 │ Docker コンテナの実行

Docker Desktop の設定が完了したら、次は Docker コンテナを実行しましょう。まず「docker pull」コマンドで Docker イメージをダウンロードして、次に「docker run」コマンドで Docker イメージから Docker コンテナを実行します。ubuntu の Docker イメージを取得してコンテナ起動とコマンド実行を行う例を、以下に示します。

```
docker pull ubuntu:20.04
docker run -it ubuntu:20.04 uname
```

2 番目のコマンドを実行すると、Docker コンテナ内部で「uname」コマンドが実行されます。コマンド実行が終了すると、Docker コンテナも終了します。サーバーや Shell のような永続的に実行するプログラムで立ち上げた場合は、そのプログラムが終わるまでコンテナも永続的に動作します。

7.1.4 ┃ 拡張機能「Docker」

ここからは VSCode の話に戻ります。拡張機能「Docker」（拡張機能 ID: ms-azuretools.vscode-docker）を使用すると、Docker イメージ作成や Docker コンテナ実行を VSCode 上で行うことができます。また、Dockerfile および docker-compose.yml の生成や入力補完が有効になります。

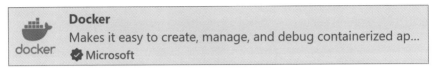

図 7-1-5　拡張機能「Docker」（拡張機能 ID: ms-azuretools.vscode-docker）

■ Dockerfile の生成

「Dockerfile」は、独自の Docker イメージを作成するための設定ファイルです。コマンドパレットで「Docker：Add Docker Files to Workspace」を実行すると、「Dockerfile」や除外ファイルリストの「.dockerignore」が生成されます。このとき、「Python: Django」のように言語やサーバーなどを選択することができます。選択すると、専用の Dockerfile が作成されます。一般的な Dockerfile を作成したい場合は「Other」を選択してください。

■ Docker コンテナの起動

「DOCKER」サイドバーの「IMAGES」からイメージを選択して、右クリックメニューの「Run」または「Run Interactive」でコンテナを起動できます。「Run」は通常の起動です。一方、「Run Interactive」は「-it」オプション付きで起動して、図 7-1-6 のようにターミナルから Docker コンテナを Shell で操作することができます。

図 7-1-6　「Run Interactive」での Docker コンテナ起動

■ Docker コンテナ内のファイル

　実行中のコンテナは「DOCKER」サイドバーの「CONTAINERS」に表示され、コンテナ内の
ファイルは「Files」で確認できます。また、図7-1-7のように右クリックメニューの「Open」で
Docker コンテナ内のファイルを開くことができます。

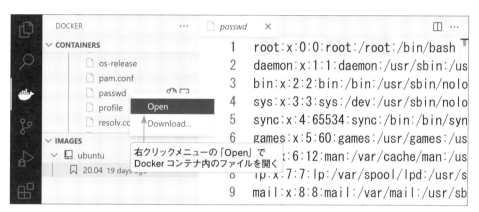

図 7-1-7　Docker コンテナ内のファイルを開く

■ Docker コンテナのアタッチ

　「CONTAINERS」の右クリックメニューにある「Attach Shell」で、実行中のコンテナにアタッ
チできます。アタッチするとターミナルの Shell で操作可能になるため、コンテナ内の状況を確認
することができます。

7.2 WSL2

WSL2 は、Windows で使用できる Linux 環境です。Docker Desktop は WSL2 でも動作させることができます。また VSCode は、この WSL2 自体とリモート接続が可能です。本節では、WSL2 のインストール方法について説明します。

7.2.1 WSL2 のインストール

ここでは GUI 操作を中心としたインストール方法について紹介します。コマンドラインからインストールする場合は、公式サイト（https://aka.ms/wslinstall）をご確認ください。

①「BIOS レベルでのハードウェア仮想化」の有効化

WSL2 をインストールするには、「BIOS レベルでのハードウェア仮想化」の有効化が必要です。有効化の方法は「7.1.2 Hyper-V の有効化（Windows）」で説明した内容と同様です。

② WSL2 のインストール

「Windows の機能の有効化または無効化」にある「Linux 用 Windows サブシステム」と「仮想マシン プラットフォーム」を図 7-2-1 のように有効にして「OK」ボタンを押すと、インストールされます。インストール後は、一度 Windows を再起動してください。

③ WSL2 Linux カーネル更新プログラムのインストール

インストールが終わったら、次は WSL2 の Linux カーネルを更新します。「https://aka.ms/wsl2kernel」にアクセスして「x64 マシン用 WSL2 Linux カーネル更新プログラム パッケージ」をダウンロードしてください。ダウンロードしたパッケージを実行すると Linux カーネルの更新処理が実行されます。

④ WSL2 をデフォルトのバージョンとして設定

WSL にはバージョン 1 とバージョン 2（WSL2）があります。コマンドプロンプトで次のコマンドを実行して、デフォルト設定をバージョン 2 にしてください。

```
wsl --set-default-version 2
```

図 7-2-1　「Linux 用 Windows サブシステム」と「仮想マシン プラットフォーム」

　WSL2 自体のインストールは、以上になります。WSL2 単独で Linux ディストリビューション
を使用する場合は、「7.2.2 Linux ディストリビューションのインストール」に従ってインストール
してください。また、Docker Desktop で WSL2 を使用する場合は、次の設定を行ってください。

■ Docker Desktop で WSL2 を使用する設定

Docker Desktop で WSL2 を使用する場合は、Docker Desktop のメニューから「Settings」→「General」を選択し、図 7-2-2 のように「Use the WSL2 based engine」を有効化します。なお、Docker で WSL2 を使用しない場合、この設定は不要です。

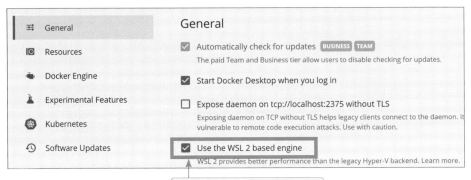

図 7-2-2　Docker Desktop で WSL2 を使用する設定

7.2.2 | Linux ディストリビューションのインストール

WSL2 には、Linux の各種ディストリビューションを Microsoft Store からインストールすることができます。なお、Docker Desktop 経由のみで WSL2 を使用する場合、このインストールは不要です。

ここでは Ubuntu を例にインストール方法を紹介します。ブラウザで「https://aka.ms/wslstore」を開くと、図 7-2-3 のように Microsoft Store が起動します。起動した Microsoft Store から Ubuntu を指定して「入手」ボタンをクリックすると、インストールが開始します。

インストールが完了したら、Ubuntu を WSL2 で起動します。初回の起動時は、デフォルトのユーザー名とパスワードの設定が始まります。設定が終わると Ubuntu を使用できます。なお、デフォルトユーザーの詳細については「https://aka.ms/wslusers」をご参照ください。

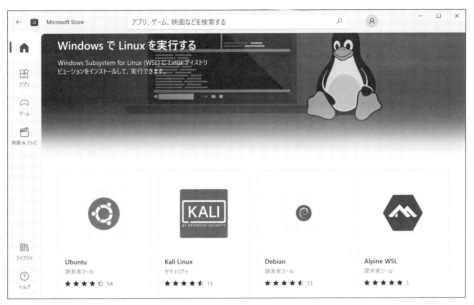

図 7-2-3　**Microsoft Store**

7.3 リモート開発 (Remote Development)

ネットワークに接続できる開発環境があれば、拡張機能「Remote Development」（拡張機能 ID: ms-vscode-remote.vscode-remote-extensionpack）によってリモートで開発できます。

Remote Development
An extension pack that lets you open any folder in a containe...
Microsoft

図 7-3-1　拡張機能「Remote Development」
（拡張機能 ID: ms-vscode-remote.vscode-remote-extensionpack）

　拡張機能「Remote Development」では、図 7-3-2 のように、ローカルの VSCode からリモート接続先のファイルを編集したりプログラムを実行したりすることができます。リモート接続先では、接続開始時に「VSCode Server」が起動します。ローカルの VSCode は、この VSCode Server と通信して動作します。

　リモート接続の方法は、「Docker コンテナ」、「WSL」、「SSH」の 3 種類が用意されています。「Docker コンテナ」と「WSL」は専用の接続方法であり、それぞれ「7.1 Docker」や「7.2 WSL2」で用意した環境にリモート接続できます。一方、「SSH」は汎用的な方法で、SSH サーバーがある環境に接続できます。

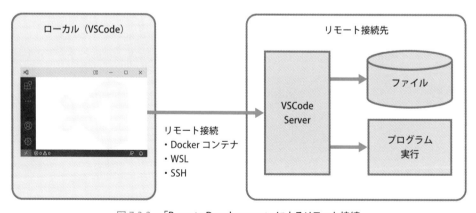

図 7-3-2　「Remote Development」によるリモート接続

7.3.1 Docker コンテナのリモート接続

Windows や macOS で Docker Desktop が実行中であれば、その内部で動作中の Docker コンテナに接続して、コンテナ内のファイルの編集やプログラムの実行を行うことができます。

■ Docker コンテナの起動と接続

まずは接続する Docker コンテナを VSCode 上で起動します。起動方法はいくつかありますが、ここでは Dockerfile を使用して起動します。起動するには、コマンドパレットで「Remote-Containers: Open Folder in Container」を実行して、Dockerfile があるフォルダーを指定します。指定した後に「From Dockerfile」を選択すると、Dockerfile のコンテナ起動が開始します。起動が完了すると、図 7-3-3 のように Docker コンテナにリモート接続した状態になります。

図 7-3-3　**Docker コンテナのリモート接続**

■ ローカルフォルダーのマウント

Dockerfile で起動した場合、同じ階層のフォルダーが自動的にコンテナ内にマウントされます。「リモート エクスプローラー」サイドバーの「CONTAINERS」の右クリックメニューにある「Show Details」を選択すると、図 7-3-4 のように「Mounts」→「Bind mount」にフォルダーが表示されます。このとき「Source」がマウント元のローカルフォルダー、「Destination」がマウント先のコンテナ内フォルダーになります。

マウント元のローカルフォルダーにソースコードなどを格納しておけば、ローカルで編集した内容をコンテナ内でスムーズに実行することができます。また、コンテナを作り直したとしても、ソースコードの編集内容がそのままローカルに残ります。

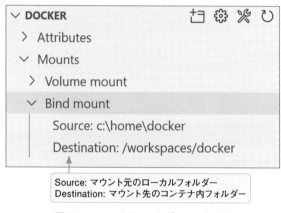

図 7-3-4　ローカルフォルダーのマウント

■ 設定ファイル「.devcontainer/devcontainer.json」

Docker コンテナのリモート接続には設定ファイル「.devcontainer/devcontainer.json」を使用します。このファイルの設定では、使用する Dockerfile やユーザー名などを指定できます。詳細は「https://aka.ms/devcontainer.json」をご参照ください。

7.3.2 | WSL のリモート接続

　拡張機能「Remote Development」には、WSL に接続する方法が専用で用意されています。この方法で接続できるのは、「7.2.2 Linux ディストリビューションのインストール」でインストールした Linux ディストリビューション環境です。

■ WSL Targets での接続

　「リモート エクスプローラー」サイドバーで図 7-3-5 のように「WSL Targets」を選択します。選択後に WSL の Linux ディストリビューションが表示されるので、接続したい項目の「Connect to WSL」ボタンをクリックします。すると、WSL にリモート接続した VSCode が別ウィンドウで開きます。

図 7-3-5　WSL Targets

■ WSL 上でのコマンド起動とリモート接続

　WSL（Linux）のターミナル上で「code folder」コマンドを実行すると、Windows 側で VSCode が起動します。起動した VSCode は、コマンドで指定した WSL 側のフォルダー（folder）にリモート接続した状態になっています。

7.3.3 | SSH のリモート接続

Docker や WSL 以外の環境でも、SSH で接続できるサーバーであればリモート接続できます。SSH は、Linux をリモートで扱う際によく用いられる方法です。

■ SSH クライアント

SSH で接続するには SSH クライアントが必要です。Windows の場合、「Git for Windows」のインストール時に SSH クライアントもインストールされます。

この他、Windows オプション機能の「OpenSSH クライアント」も使用できます。図 7-3-6 のようにスタートメニューの「設定」から、「アプリ」→「アプリと機能」→「オプション機能」→「機能の追加」で OpenSSH クライアントを選択し、インストールします。

SSH クライアントは、macOS ではデフォルトでインストールされています。また、Linux では各種パッケージマネージャーからインストール可能です。

図 7-3-6　**OpenSSH クライアントのインストール（Windows オプション機能）**

■ SSH での接続

「リモート エクスプローラー」サイドバーで図 7-3-7 のように「SSH Targets」を選択します。次に、「Add New」ボタンをクリックすると入力欄が表示されるので、接続用の ssh コマンドを入力して［Enter］を押します。これにより ssh コマンドが登録されて、一覧に表示されます。

一覧の「Connect to Host in New Window」ボタンをクリックし、リモート接続します。

図 7-3-7　SSH によるリモート接続

7.3.4 | リモート接続先の操作

リモート接続した VSCode では、リモート先のファイルを開いたり、ターミナルでコマンドを実行したりすることができます。

■ リモート接続先のファイルやフォルダーを開く

メニューから「ファイル」→「ファイルを開く」を実行すると、図 7-3-8 のようにリモート接続先のファイルを開くことができます。また、「ファイル」→「フォルダーにワークスペースを追加」でリモート接続先のフォルダーを追加できます。

図 7-3-8　リモート接続先のファイルを開く

■ リモート接続先のターミナル操作

リモート接続状態でターミナルを開くと、図 7-3-9 のようにリモート接続先での shell になります。このターミナルによって、リモート接続先の各種コマンドやプログラムを実行できます。

図 7-3-9　リモート接続先のターミナル

■ リモート接続先のデバッグ実行

リモート接続状態でデバッグ実行した場合、基本的にリモート接続先での実行になります。そのため、プログラムの実行環境（Python や Node.js など）はリモート接続先にインストールされている必要があります。

■ リモート接続先の拡張機能インストール

リモート接続した場合、拡張機能のインストール先は、図 7-3-10 のようにローカルとリモート接続先の 2 つに分かれます。このときローカルにインストールする拡張機能は、日本語パックやテーマなどの UI に関係するものです。それ以外の拡張機能はリモート接続先にインストールする必要があります。

リモート接続した状態であれば、自動で判定してリモート接続先にインストールできます。また、「ローカル拡張機能をリモートにインストール」ボタンをクリックすれば、ローカルにインストール済みの拡張機能をまとめてリモート接続先にインストールできます。

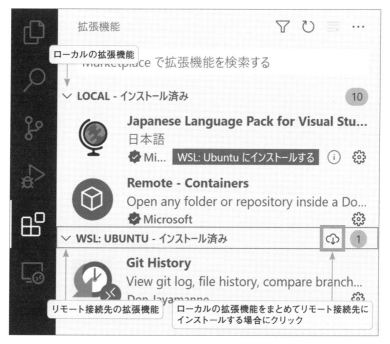

図 7-3-10　リモート接続先の拡張機能

■ リモート接続を閉じる

リモート接続を終了するには、メニューから「ファイル」→「リモート接続を閉じる」を選択します。

7.4 | Visual Studio Live Share

「Visual Studio Live Share」（以下、LiveShare）は、VSCode や Visual Studio をリモート上で共有してリアルタイムな共同編集などを行うサービスです。Microsoft アカウントまたは GitHub アカウントがあれば無料で使用できます。

オンライン会議サービスと比べると、LiveShare は VSCode そのものを共有するため、開発に関連する共同作業を行うのに向いています。LiveShare により、リモートでのレビューやデバッグのサポート、ペアプログラミングなどをより円滑に進めることができます。

7.4.1 | Visual Studio Live Share のインストールとサインイン

VSCode で LiveShare を使用するには、拡張機能「Live Share Extension Pack」（拡張機能 ID: MS-vsliveshare.vsliveshare-pack）をインストールします。

Live Share Extension Pack
Collection of extensions that enable real-time collaborative d...
 Microsoft

図 7-4-1　拡張機能「Live Share Extension Pack」
（拡張機能 ID: MS-vsliveshare.vsliveshare-pack）

■ アカウントにサインイン

LiveShare での共有を開始するには、Microsoft アカウントまたは GitHub アカウントでのサインインが必要です。サインインするには、まずコマンドパレットの「Live Share: Sign in」を実行します。実行後に Microsoft アカウントまたは GitHub アカウントを選択すると、Web ブラウザでサインイン画面が開きます。この Web ブラウザでサインインすると、VSCode 側に戻って VSCode 上でもサインインが完了します。

サインインが終わると画面下にユーザー名が表示されます。なお、サインアウトは「アクティビティバー」のアカウントから行うことができます。

7.4.2 | コラボレーションセッション（共有）の開始

　LiveShare では、1 つの VSCode を共有する作業状態を「コラボレーションセッション」と呼びます。このコラボレーションセッションへの関わり方は、図 7-4-2 のように自身がホストになる方法と、ゲストとして参加する方法の 2 つがあります。

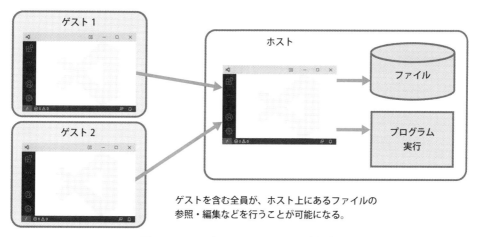

ゲストを含む全員が、ホスト上にあるファイルの
参照・編集などを行うことが可能になる。

図 7-4-2　コラボレーションセッション（共有）

■ ホストとして共有を開始する

　ホストとしてコラボレーションセッション（共有）を開始するには、図 7-4-3 のように表示された LiveShare サイドバーの「共有」ボタンまたは「読み取り専用のアクセス許可で共有」リンクをクリックします。アカウントにサインインしていれば、その場でコラボレーションセッションが開始して、ゲストと共有可能になります。

　自身がホストになる場合は、ローカルで開いている VSCode が参加者全員に共有されます。「共有」ボタンで開始した場合はゲストもファイルを編集できますが、「読み取り専用のアクセス許可で共有」リンクの場合は編集不可になります。

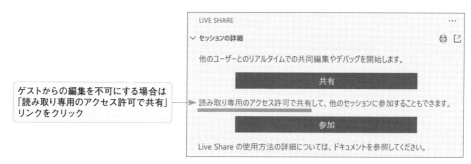

ゲストからの編集を不可にする場合は
「読み取り専用のアクセス許可で共有」
リンクをクリック

図 7-4-3　「LIVE SHARE」サイドバーで共有を開始

■ ゲストとして参加する

　ホストとして共有を始めると、招待 URL の取得が可能になります。ゲストは、この招待 URL によってコラボレーションセッションに参加できます。招待 URL をコピーするには、共有開始後の「LIVE SHARE」サイドバーにある、図 7-4-4 のように表示された「コラボレーションリンクをコピー」ボタンをクリックします。

図 7-4-4　招待 URL のコピー

　招待 URL を Web ブラウザ上で開くと、アプリの起動を促すダイアログが表示されます。ここで VSCode を指定して開くと、ゲストとして参加できます。

　なお、VSCode 上で招待 URL を直接指定することも可能です。「LIVE SHARE」サイドバーの「参加」ボタンをクリックすると URL の入力欄が表示されます。この入力欄に招待 URL を入力して [Enter] を押すと、ゲストとして参加できます。

■ 連絡先の招待

　ゲストがすでに連絡先に設定されており、かつアカウントにサインイン中であれば、図 7-4-5 のように「連絡先の招待」ボタンをクリックして直接招待を送信できます。招待の受信側は、画面右下に招待ダイアログが表示されるので「Accept」を押します。これにより、ゲストとして参加できます。

図 7-4-5　連絡先の招待

7.4.3 コラボレーションセッションでの作業

　コラボレーションセッションの参加者は、ホストのファイルを参照・編集することができます。その他にもコマンド実行やデバッグ実行、サーバーの共有などを行うことができます。

■ ファイルの参照・編集

　ホスト上で開いているファイルは、ゲストが参照したり、編集したりすることが可能です。このとき参加者のカーソルは、図 7-4-6 のように参加者全員に名前付きで表示されます。また、ワークスペース上にあるファイルも同様にゲストが参照・編集できます。

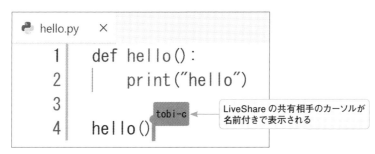

図 7-4-6　カーソルの共有

■ ディスカッションの開始（コメントの追加）

　共有中のファイルは、任意の箇所にコメントを追加できます。行番号の右側にある縦のラインにカーソルを合わせると、図 7-4-7 のように「+」が表示されます。この「+」をクリックすると、該当行に対してディスカッションが開始してコメントを記述できます。

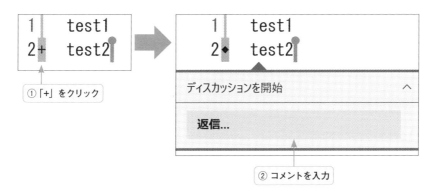

図 7-4-7　ディスカッションの開始（コメントの追加）

■ 参加者のフォロー

　通常の状態では、各々の参加者が自由にファイル内の移動を操作します。しかしレビュー時やデバッグ時などは、特定の参加者の移動を追跡したい場合もあります。このような場合、LiveShare では、「参加者のフォロー」によって自動で追跡することが可能です。

　参加者をフォローするには、「LIVE SHARE」サイドバーに表示されている参加者をクリックします。フォロー中の参加者には、図7-4-8 のように丸印が付きます。フォロー中は、その参加者のカーソル移動やファイル移動などを追跡して、表示するエディタ画面が自動で切り替わります。

図 7-4-8　参加者のフォロー

■ 参加者へフォロー依頼

　参加者全員に自身をフォローしてもらいたい場合は、フォロー依頼を送信します。図7-4-9 のように「LIVE SHARE」サイドバーにある「参加者へフォロー依頼」ボタンをクリックすると、他の参加者にフォロー依頼が送信されます。その参加者が要求を受信すると、右下にダイアログが表示されて依頼者をフォローした状態になります。

図 7-4-9　参加者へフォロー依頼

■ ターミナルの共有

　ホストのファイルだけでなく、ターミナルの情報もゲストと共有できます。図7-4-10 のように「LIVE SHARE」サイドバーを開いて「Share terminal」をクリックすると、「Read-only」と「Read/Write」が表示されます。

　「Read-only」は、コマンドと実行結果の参照のみです。一方、「Read/Write」は、ゲストに対してコマンド実行も許可します。いずれかを選択するとターミナルが新規に表示され、このターミナルは参加者全員に共有されます。

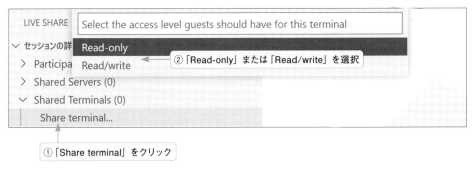

図 7-4-10　ターミナルの共有

■ サーバー接続の共有

ホストで起動しているサーバーなどは、ゲストも接続できるように共有設定を行うことが可能です。たとえば、ホスト上で「http://localhost:8080」で接続できるサーバーがある場合、ゲスト上のコンピュータからも「http://localhost:8080」で接続できます。

サーバーを共有するには、図 7-4-11 のように「LIVE SHARE」サイドバーを開いて「Share server」をクリックします。次に、ポート番号の入力欄が表示されるので、共有するポート番号（上記の例であれば 8080）を入力して [Enter] を押します。これで共有完了です。

ゲスト側のポート番号が使用中でなければ、同じ番号で共有されます。使用中の場合は別のポート番号が自動で割り当てられるので、「LIVE SHARE」サイドバーの「Shared Servers」を確認してください。

図 7-4-11　サーバー接続の共有

■ コラボレーションセッションの退席、停止

ゲスト側は、「LIVE SHARE」サイドバーにある「コラボレーションセッションから退席」ボタンをクリックすることで退席できます。また、ホスト側は、「コラボレーションセッションの停止」ボタンをクリックすれば停止（終了）できます。

| Column | クラウドサービス「GitHub Codespaces」と「vscode.dev」 |

クラウドサービスが広がるにつれて、ブラウザで動作するエディタや IDE なども多くなってきました。「GitHub Codespaces」（https://github.co.jp/features/codespaces）は、VSCode がブラウザで動作するクラウドサービスです。このサービスを使用すると、コーディングからビルド、実行、デプロイまでのすべてがブラウザ上で完結できます。また、2021 年 10 月に「https://vscode.dev」が公開されました。このサービスは GitHub のアカウント等を必要とせず、アクセスするとすぐに使用できるブラウザ上の VSCode になります。

開発環境がクラウドサービスである利点は、どの PC でも同じ環境が用意できることです。さらに、サーバー側で主な処理を実行すれば、性能が低い PC でも安定した速度で動作します。「GitHub Codespaces」は、GitHub サービスとも直接連携できます。

ただし、クラウドサービスのため、ネットワーク回線が安定している必要があります。また、ブラウザを使用するため、ショートカットキーの扱いなどはローカルの開発環境のほうがスムーズです。

このように現時点では発展途上のサービスですが、今後改善されていくことにより、ローカルの開発環境ではなくクラウドサービスの開発環境が主軸になる日がくるかもしれません。

索引

【著者プロフィール】

飛松 清（とびまつ きよし）

東京都出身。2006 年、北陸先端科学技術大学院大学修士課程を修了。学生時代はプログラ
ミング言語の研究室に所属。これまで e コマースサイト、移動体基地局の通信処理、製造業
の原価計算システムなど、さまざまな業種の開発に携わる。エディターは、メモ帳、xyzzy、
Emacs、Vim の順で乗り換えて、現在 VSCode を使用中。趣味はゲーム、スポーツ観戦。
カープファン。

Visual Studio Code実践入門！
ソフトウェア開発の強力手段

© 飛松 清　2022

2022年 4月22日　第 1 版第 1 刷発行

著　者	飛松　清
発 行 人	新関卓哉
企画担当	蒲生達佳
編集担当	古川美知子
発 行 所	株式会社リックテレコム
	〒 113-0034 東京都文京区湯島 3-7-7
	振替　　00160-0-133646
	電話　　03（3834）8380（代表）
	URL　　https://www.ric.co.jp/
装　　丁	長久雅行
編集協力・組版	株式会社トップスタジオ
印刷・製本	シナノ印刷株式会社

●訂正等
　本書の記載内容には万全を期しておりますが、万一誤りや
情報内容の変更が生じた場合には、当社ホームページの正
誤表サイトに掲載しますので、下記よりご確認ください。
＊正誤表サイトURL

　https://www.ric.co.jp/book/errata-list/1

●本書の内容に関するお問い合わせ
　FAXまたは下記のWebサイトにて受け付けます。回答
に万全を期すため、電話でのご質問にはお答えできま
せんのでご了承ください。

・FAX：03-3834-8043

・読者お問い合わせサイト：https://www.ric.co.jp/book/
のページから「書籍内容についてのお問い合わせ」を
クリックしてください。

製本には細心の注意を払っておりますが、万一、乱丁・落丁（ページの乱れや抜け）がございましたら、当該書籍をお送りく
ださい。送料当社負担にてお取り替え致します。

ISBN978-4-86594-334-4
Printed in Japan